教育部高等学校材料类专业教学指导委员会规划教材

国家级一流本科专业建设成果教材

# 陶瓷工程实训教程

罗民华 唐 奇 包启富 陆 琳 汪 伟 编著
顾幸勇 主审



CERAMIC ENGINEERING TRAINING COURSE

化学工业出版社
·北 京·

## 内容简介

《陶瓷工程实训教程》涵盖日用陶瓷与建筑卫生陶瓷两大版块的工程实训，详细阐述了从坯釉料配方、石膏模具制备、拉坯/注浆/3D打印等多种成型技术，到彩绘/贴花等装饰工艺，以及梭式窑、辊道窑烧成等完整工艺流程的实训内容。为突破高危高成本实训瓶颈，创新融合虚拟仿真实验与二维码视频资源，构建了“虚实结合”的立体化教学体系，各章节均设明确考核标准，旨在系统培养学生工艺操作、设备调试与复杂工程问题解决能力。

本书为高等院校无机非金属材料工程等相关专业学生教材，也可供陶瓷企业技术人员参考使用。

**图书在版编目（CIP）数据**

陶瓷工程实训教程 / 罗民华等编著. -- 北京 : 化学工业出版社, 2026. 1. -- （教育部高等学校材料类专业教学指导委员会规划教材）. -- ISBN 978-7-122-49518-1

Ⅰ. TQ174

中国国家版本馆CIP数据核字第202547LT04号

责任编辑：陶艳玲　　装帧设计：史利平
责任校对：田睿涵

出版发行：化学工业出版社
（北京市东城区青年湖南街13号　邮政编码100011）
印　　装：三河市君旺印务有限公司
787mm×1092mm　1/16　印张11　字数262千字
2026年3月北京第1版第1次印刷

购书咨询：010-64518888　　售后服务：010-64518899
网　　址：http://www.cip.com.cn
凡购买本书，如有缺损质量问题，本社销售中心负责调换。

定　　价：39.00元　

# 前言

生产实习是工科高等院校培养工程实践能力的关键环节。为实现陶瓷工艺生产实习课程目标，满足实际需求，特编写本教材。

本教材立足于多年教学改革成果与实习指导经验，遵循教育规律，以工程教育专业认证理念为指导，紧密对接“陶瓷工艺学”“建筑陶瓷工艺学”等专业课程，着力强化知识的应用能力培养。教材制定了实践过程判定标准，为客观评价培养目标达成度提供了有力支撑。教材各章节涉及的主要设备附有图片及说明，对于较重要或复杂的工序附有教学视频的二维码，体现多种呈现方式。对喷雾干燥、陶瓷烧成等危险性强、周期长、成本高的项目，开发了虚拟仿真实验，支持线上线下混合式教学，有效突破传统实践瓶颈，从而达到更好的教学效果。

本书同时是基于 OBE 理念编写的陶瓷工程实训教材，以学生获得的工程能力成果为导向，系统构建了涵盖日用陶瓷与建筑卫生陶瓷生产的完整实训体系。通过明确工程能力培养要求，将课程目标与考核评价紧密结合，并借助虚拟仿真与实际操作相结合的方式，强化学生在坯釉料制备、成型、装饰、烧成等关键环节的实践能力，最终达成对陶瓷工程人才综合能力的有效培养与科学评价。

本教材有利于帮助学生系统掌握日用陶瓷、建筑卫生陶瓷的生产工艺过程及控制指标；深入理解生产设备的结构、原理、性能特点及安全操作规程；深化专业理论知识理解，提升问题分析能力；锻炼陶瓷生产工艺操作技能；提升解决复杂工程问题的能力。陶瓷文化的传承与创新离不开扎实的生产技能作为根基，故本教材亦可助力培养学生的文化自信与自豪感。教材的实用性强，亦可作为劳动教育课程参考书，培养学生正确的劳动观念与责任心。

各实训章节提供的实训工序及其考核评价项目和分值标准，供各使用院校根据实际情况灵活选用、分解或合并调整。

本教材具体编写分工为：第 1 章、第 2 章及第 7 章由罗民华编写；第 3 章由罗民华、陈建华编写；第 4 章、第 6 章由包启富、罗民华编写；第 5 章的 5.1、5.2、5.3 由包启富编写，5.4 由石棋编写，5.5、5.6 由任雪潭编写；第 8 章由唐奇、罗民华编写；第 9 章、第 10 章、第 12 章由唐奇编写；第 11 章由陆琳编写；第 13 章由汪伟编写。此外，王德林、熊春华、徐有华、吴穷、邓金平等也参与了部分内容的编写。全书由罗民华负责统稿，顾幸勇教授审稿。

本教材涉及的虚拟仿真实验建设负责人分别为：孙熠（黏土矿物的形成及加热变化）、董伟霞（传统陶瓷黏土原料处理加工）、朱玉君（喷雾干燥）、董关平（全自动液压压砖机）、孙健（高温地砖辊道窑烧成工艺）、汪伟（建筑陶瓷生产线）、罗民华（青花瓷梭式窑烧成）。徐昌烨负责本教材中相关视频的拍摄及制作。以上内容可扫描书中二维码获得。本书还得到了众多陶瓷企业的大力支持和帮助，中国人民大学施广强、魏京功、张秋华、何茂栋等几位老师提供了产业建议，在此一并致以衷心感谢！

由于编者水平有限，书中难免存在疏漏与不足之处，恳请读者不吝指正。

**编者**

**2025 年 10 月**

# 目录

## 第一篇 总论

## 第二篇 日用陶瓷生产实训

# 第一篇

# 总论

# 第 1 章

# OBE 理念的陶瓷工程实训

工程起源于人类生存的需求，伴随着人类社会进步的历史产生和发展，是社会中基础性的实践活动。每种工程活动都存在着一定形式的工程思维，工程思维是对工程的一种认识活动。工程是一个系统的概念，不是要素的简单叠加，作为一个系统，工程有整体性的新特征，有技术要素和非技术要素的非线性相关机制。

工程认证标准的 12 条毕业要求项，分别考查学生的工程知识、能力、通用技能、工程态度四个方面，突出的核心是解决复杂工程问题的能力。解决复杂工程问题必须深入运用工程原理知识进行分析，处理好所涉及的多方面的技术与非技术等因素，且很可能有相互冲突的多方关系。因此要求学生具有全面扎实的理论知识功底，工程实践能力的积累，良好的交流沟通、团队组织协调能力，以及充分考虑社会、环境、健康、安全、法律及文化等制约因素。这正是 OBE（outcome based education，成果导向教育）理念对相关工程能力课程制定教学目标的重要考量。

## 1.1 工程及工程思维

### 1.1.1 什么是工程

什么是“工程（Engineering）”？人们从不同的角度对它有不同解释。《新牛津英语词典》定义工程为：一项精心计划和设计以实现一个特定目标的单独进行或联合实施的工作。《中国百科大辞典》把工程定义为：将自然科学原理应用到工农业生产部门中而形成的各学科的总称；这些学科是应用数学、物理学、化学、生物学等基础科学的原理，结合在科学实验与生产实践中所积累的经验而发展出来的。

现代工程的概念十分广泛，涉及的领域也非常多，如机械工程、管理工程、化学工程、通信工程、智能工程等各种工程领域。

### 1.1.2 工程思维

（1）工程思维的重要性

思维活动的内容和形式非常复杂，但就其本质来讲，思维是一种认识活动。工程活动是社会中基础性的实践活动，而每种工程活动都伴随着一定形式的工程思维，现实活动中许多工程师、工程工作人员、管理者对工程思维方式可能是处于“日用不知”的“不自觉”状态；工程师则在工程活动“不自觉”地应用工程思维中“创造”出自然界中从来没有过而且永远也不可能自发出现的新的存在物。工程发展集成性和系统性日益增强，对工程思维的认识也需要由“不自觉”转向“自主认识”，必须要提炼出一套成熟的工程思维模式以应对当代越来越复杂的工程项目。

**(2)现代工程思维方式的基本性质**

① 工程思维的科学性

工程思维的科学性主要表现在两个方面。其一，科学知识为设计师和工程师的工程思维提供了理论指导和方法论；其二，科学规律为工程思维设置了“不可能目标”和“不可能行为”的严格限制，从而使工程师或工程设计者不会设定违背科学规律的目标。

② 工程思维的艺术性

工程思维的艺术性更多地表现在工程的决策者、设计师和工程师所展现的“思维个性”，或者说“工程美”上。杰出的工程都渗透着决策者以及设计师和工程师独特的个性美。每一个好的工程都是一件艺术品，比如港珠澳大桥，它的美丽、雄伟，全世界都有目共睹。

③ 工程思维中的超协调逻辑性

在工程思维中，决策者、设计师和工程师常常不得不面对众多非技术要素边界领域中的“矛盾的要求”，更明确更具体地说，他们往往不得不对相互矛盾的观点或要求采取“权衡协调”的立场和态度。在很多情况下，工程问题的判断和选择不一定总是非此即彼的，工程思维有时需要根据工程总体目的的要求，把两个或两个以上冲突、矛盾的因素协调在一起，这就是工程中的“超协调逻辑”性。

④ 工程思维中问题求解的非唯一性

工程思维需要考虑工程系统的所有因素，技术要素中技术路线不是唯一的，非技术要素中，各种社会经济环境因素更是因时因地不断发生变化，再加上工程思维主体（工程师、管理者等）独特的思考方式（比如工程的个性美），都决定了工程思维问题求解的非唯一性。以桥梁工程为例，不但桥梁选址问题的答案是非唯一的，而且桥梁结构、桥梁材料、架桥技术、施工方案等都不可能是只有唯一答案的。在现代社会中，业主方之所以常常对工程项目采用招标的方法，其“前提”和“基础”就正是因为工程问题的求解具有非唯一性。

⑤ 工程思维的运筹性和集成性

工程问题求解的非唯一性随之就带来一个问题：如何对各种资源进行统筹协调以找到最优的解决方案。工程思维的一个基本内容就是考虑如何才能合理地“运用”各种工具、机器、设备和其他手段等组成合理的工艺流程来实现工程的目的。这就需要工程思维具有运筹性和集成性。

⑥ 工程思维的可错性、可靠性和“容错性”

世界上不可能存在没有任何风险的工程。由于客观方面存在着许多不确定性因素，再加上主观方面人的认识中必然存在一定的缺陷和盲区，这就使工程思维不可避免地带有风险性和不确定性，故工程思维具有可错性。然而工程项目在实践上往往“不允许失败”，必须是可靠的，特别是大型工程可靠性要求更高。工程的可靠性要求和人的认识具有不可避免的可错性的状况就产生了尖锐的矛盾，为了解决这个矛盾，工程思维也就必需具有“容错性”。

所谓“容错性”就是指在出现了某些错误的情况和条件下仍然能够继续“正常”地工作或运行。例如，人的许多生理功能系统、计算机系统等都具有一定的“容错性”，不是一出现“毛病”就发生“系统功能瘫痪”，而是能够在一定范围内和一定程度上“带病”“可靠运行”，这就是“容错性”在发挥作用和“显示威力”了。可以看出，“容错性”概念正是设计工程师和生产工程师在研究可靠性和可错性的对立统一关系中提出的一个新概念，而“容错性”方法也已经成为了设计工程师和生产工程师为提高可靠性、应对可错性而经常采用的一个重要方法。

⑦ 工程思维中的价值追求

工程思维是以价值目标为导向和以价值目的为灵魂的思维。工程思维和工程活动不但必然追求一定的价值目标，而且还希望这个价值目标能够尽可能地改进、改善或优化。应该强调指出，这里所说的价值目标，其含义绝不仅仅是指通常的经济价值，而是包括了“社会价值”、生态价值、伦理价值、“美学价值”、心理价值等多种和多元价值在内的广义价值，一句话，工程思维关注的是人，工程要造福人类。

## 1.2 陶瓷工程及其人才培养要求

### 1.2.1 陶瓷工程

陶瓷工程是应用科学技术制造无机非金属材料物体的过程，具体可以理解为：依据数学、物理学、化学等自然科学，应用材料科学、热力学、机械原理和系统分析等科学知识和技术手段，以及社会、历史、文化、艺术等人文知识，通过有组织活动将陶瓷原材料生产为具有预期价值陶瓷产品的过程。预期价值不仅是常见的实际使用价值、艺术欣赏价值等，还包含绿色可持续发展理念。

陶瓷工程包括以下几方面。

① 分析研究　应用数学、自然科学和材料科学的基本原理和知识，识别和判断传统陶瓷或先进陶瓷配方设计、合成制备、工艺优化等涉及的复杂工程问题的关键环节，并结合数学模型方法正确表达，通过文献研究对涉及的复杂工程问题进行分析。基于无机非金属材料科学原理并采用科学方法对传统陶瓷或先进陶瓷配方设计、合成制备、工艺优化等涉及的复杂工程问题进行研究。

② 开发　确定传统陶瓷或先进陶瓷配方设计、合成制备、工艺优化等涉及的复杂工程问题的解决方案，开发满足陶瓷工程设计与产品开发特定需求的系统、单元（部件）或工艺流程。

③ 设计　选择不同的方法、工艺流程及相关设备、材料等，设计符合技术要求和性能规格的方案，以满足结构或产品的要求。

④ 施工　包括准备场地、材料储存、选定既经济又安全并能达到质量要求的工作步骤，以及人员的组织和设备利用。

⑤ 生产　在考虑人和经济因素的情况下，通过生产设备、工具、材料、元件和工艺流程，进行产品的试验、检查和制造。

⑥ 操作　管理机器、设备以及动力供应、运输和通信，使各类设备经济可靠地运行。

⑦ 社会影响　陶瓷生产制备过程、产品使用过程及最终废弃过程中符合绿色可持续发展理念，特别是在生产制备的工程实践中，充分考虑对社会、环境、健康、安全、法律以及文化的影响，尽可能减轻或消除“负面”影响。

⑧ 管理及其他职能。

### 1.2.2 陶瓷工程本科人才培养要求

陶瓷工程本科层次人才因不同学校特色、培养方向等不一样，在知识、能力和素质要求方面有所不同，以某校无机非金属材料工程专业为例，其知识、能力和素质要求如下。

（1）知识结构要求

工具性知识：外语、计算机及信息技术应用等方面的知识。

人文社会科学知识：哲学、思想道德、政治学、法学、心理学等方面的知识。

自然科学知识：数学、物理学、化学等方面的知识。

工程技术知识：工程图学、机械基础、电工电子学等方面的知识。

经济管理知识：经济学、管理学等方面的知识。

专业知识：无机非金属材料的组成与结构、材料的表征、材料的制备、材料的性能与应用的基本理论、基本方法及相关的基本实验技能，一定的无机非金属材料领域较为系统的工程实践知识。

（2）能力结构要求

获取知识的能力：具有良好的自学能力、计算机及信息技术应用能力。

应用知识能力：具有综合应用知识解决问题的能力、综合实验能力、工程实践能力。

创新能力：具有创造性思维能力、创新实验能力、科技开发能力。

人际沟通能力：具有良好的表达能力、社交能力、组织能力。

（3）素质结构要求

思想道德素质：热爱祖国，拥护中国共产党的领导，树立科学的世界观、人生观和价值观；具有责任心和社会责任感；具有法律意识，自觉遵纪守法，热爱本专业、注重职业道德修养；具有诚信意识和团队精神。

文化素质：具有一定的文学艺术修养、人际沟通修养和现代意识。

专业素质：掌握科学思维方法和科学研究方法；具备求实创新意识和严谨的科学素养；具有一定的工程意识和效益意识。

身心素质：具有较好的身体素质和心理素质。

## 1.3 OBE 理念下陶瓷工程实训对工程能力的培养

### 1.3.1 工程教育认证标准中的工程能力要求

工程教育专业认证，是工程教育质量保障体系的重要组成部分，是连接工程教育界和工业界的桥梁，是注册工程师制度建立的基础环节。具有国际实质等效性的认证体系、认证标准和认证方法的采用和推广，对于工程类本科教学的促进和推动作用越来越明显。

《工程教育认证标准（2024 版）》中的通用标准由 7 个部分、32 条标准项组成，适用于所有工程类专业。其中，直接与工程能力培养相关的有以下标准项。

① 定期调研和分析利益相关方对专业人才培养的需求和期望，评价和修订培养目标，

评价与修订过程应有行业或企业专家参与。对应工程教育认证标准第 4.2.2 条标准项（简写为 4.2.2 标准项，下同）。

本标准项强调需求调研结果对培养目标评价和修订的作用，引导专业主要关注上轮培养目标与现阶段的适配性；要求企业或行业专家参与评价修订工作，是为了保证评价和修订工作能够更好地反映行业对工程人才的需求，使专业的人才培养工作更加符合行业的需求。

② 工程知识：能够将数学、自然科学、计算、工程基础和专业知识用于解决复杂工程问题（4.3.1 标准项）。

本标准项对学生的“工程知识”提出了“学以致用”的要求。包括两个方面，其一，学生必须具备解决复杂工程问题所需数学、自然科学、计算、工程基础和专业知识，其二，能够将这些知识用于解决复杂工程问题。前者是对知识结构的要求，后者是对知识运用的要求。

可从下列角度理解本标准项的内涵：能将数学、自然科学、计算、工程科学的语言工具用于工程问题的表述；能针对具体的对象建立数学模型并求解；能够将相关知识和数学模型方法用于推演、分析专业工程问题；能够将相关知识和数学模型方法用于专业工程问题解决方案的比较与综合。

③ 问题分析：能够应用数学、自然科学和工程科学的基本原理，识别、表达、并通过文献研究分析复杂工程问题，综合考虑可持续发展的要求，以获得有效结论（4.3.2 标准项）。

本标准项对学生“问题分析”能力提出了两方面的要求，其一，学生应学会基于科学原理思考问题，其二，学生应掌握“问题分析”的方法。前者是思维能力培养，后者是方法论教学。

可从下列角度理解本标准项的内涵：能运用相关科学原理，识别和判断复杂工程问题的关键环节；能基于相关科学原理和数学模型方法正确表述复杂工程问题；能认识到解决问题有多种方案可选择，会通过文献研究寻求可替代的解决方案；能运用基本原理，借助文献研究，分析过程的影响因素，综合考虑可持续发展的要求，获得有效结论。

④ 设计/开发解决方案：能够针对复杂工程问题设计和开发解决方案，设计满足特定需求的系统、单元（部件）或工艺流程，体现创新性，并从健康、安全与环境、全生命周期成本与净零碳要求、法律与伦理、社会与文化等角度考虑可行性（4.3.3 标准项）。

本标准项对学生“设计/开发解决方案”的能力提出了广义和狭义的要求，广义上讲，学生应了解“面向工程设计和产品开发全周期、全流程设计/开发解决方案”的基本方法和技术；狭义上讲，学生应能够针对特定需求，完成单体和系统的设计。

可从下列角度理解本标准项的内涵：掌握工程设计和产品开发全周期、全流程的基本设计/开发方法和技术，了解影响设计目标和技术方案的各种因素；能够针对特定需求，完成单元（部件）的设计；能够进行系统或工艺流程设计，在设计中体现创新性；在设计中能够考虑安全、健康、法律、资源、伦理、文化及环境等制约因素。相比 2022 版，一是“体现创新意识”修改为“体现创新性”，加强了能力要求；二是增加了“全生命周期成本”、“净零碳要求”、“伦理”等内容，强调针对复杂工程问题设计解决方案时要综合考虑资源、环境、伦理等因素。

⑤ 研究：能够基于科学原理并采用科学方法对复杂工程问题进行研究，包括设计实验、分析与解释数据、并通过信息综合得到合理有效的结论（4.3.4 标准项）。

本标准项要求学生能够面向复杂工程问题，按照“调研、设计、实施、归纳”的思路开展研究。专业可从下列角度理解本标准项的内涵：能够基于科学原理，通过文献研究或相关方法，调研和分析复杂工程问题的解决方案；能够根据对象特征，选择研究路线，设计实验方案；能够根据实验方案构建实验系统，安全地开展实验，正确地采集实验数据；能对实验结果进行分析和解释，并通过信息综合得到合理有效的结论。

⑥ 使用现代工具：能够针对复杂工程问题，开发、选择与使用恰当的技术、资源、现代工程工具和信息技术工具，包括对复杂工程问题的预测与模拟，并能够理解其局限性（4.3.5 标准项）。

本标准对学生“使用现代工具”的能力提出了“开发、选择和使用”的要求。现代工具包括技术、资源、现代工程工具和信息技术工具。

⑦ 工程与可持续发展：在解决复杂工程问题时，能够基于工程相关背景知识，分析和评价工程实践对健康、安全、环境、法律以及经济和社会可持续发展的影响，并理解应承担的责任（4.3.6 标准项）。

本标准项要求学生必须建立环境和可持续发展的意识，理解工程项目的实施不仅要考虑技术可行性，还必须考虑其市场相容性，即是否符合健康、安全、环境、法律以及经济和社会可持续发展等方面的外部制约因素的要求。标准中提及的“工程相关背景”是指专业工程项目的实际应用场景。标准中所指的“对健康、安全、环境、法律以及经济和社会可持续发展的影响”不是一个宽泛的概念，是要求学生能够根据工程项目的实施背景，针对性地应用相关知识评价工程项目对这些制约因素的影响，理解应承担的相应责任。

⑧ 工程伦理和职业规范：有工程报国、为民造福的意识，具有人文社会科学素养和社会责任感，能够理解和践行工程伦理，在工程实践中遵守工程职业道德、规范和相关法律，履行责任（4.3.7 标准项）。

本标准项在 2022 版的基础上增加了“有工程报国、为民造福的意识”内容，体现爱党报国、敬业奉献、服务人民是卓越工程人才培养的根本要求，进一步强调工程伦理问题，增加了“能够理解和践行工程伦理”的要求。标准项中的“人文社会科学素养”主要是指学生应树立和践行社会主义核心价值观，理解个人与社会的关系，了解中国国情，明确个人作为社会主义事业建设者和接班人所肩负的责任和使命。“工程职业道德和规范”是指工程团体的人员必须共同遵守的道德规范和职业操守，不同工程领域对此有更细化的解读，但其核心要义是相同的，即诚实公正、诚信守则。工程专业的毕业生除了要求具备良好的思想道德修养和社会责任，更应该强调工程职业的道德和规范，尤其是对公众的安全、健康和福祉，以及环境保护的社会责任。

⑨ 个人和团队：能够在多样化、多学科背景下的团队中承担个体、团队成员以及负责人的角色（4.3.8 标准项）。

本标准要求学生能够在多样化、多学科背景下的团队中，承担不同的角色。本标准项增加了“多样化”背景，强调团队成员身份、文化背景和工作场景多样化要求，比如“面对面、远程和分布式”等环境；“多学科背景”是因为工程项目的研发和实施通常涉及不同学科领域的知识和人员，即便是某学科或某个人承担的工程创新和产品研发项目，其后续的中试、生产、市场、服务等也需要不同学科的人员协作，因此学生需要具备在多样化、多学科背景的团队中工作的能力。

⑩ 沟通：能够就复杂工程问题与业界同行及社会公众进行有效沟通和交流，包括撰写报告和设计文稿、陈述发言、清晰表达或回应指令，并具备一定的国际视野，能够在跨文化

背景下进行沟通和交流，理解、尊重语言和文化差异（4.3.9标准项）。

本标准对学生就专业问题进行有效沟通交流的能力，及其国际视野和跨文化交流的能力提出了要求。在不同语言和文化背景下，沟通过程中更强调"理解、尊重语言和文化差异"。这里的语言差异，不仅仅是指沟通时"对话的语言"，还包括工程师交流时"技术的语言"。因此没有归结为"文化差异"。

⑪ 项目管理：理解并掌握与工程项目相关的管理原理与经济决策方法，并能在多学科环境中应用（4.3.10标准项）。

本标准所述的"与工程项目相关的管理原理"主要是指按照工程项目或产品的设计和实施的全周期、全流程进行的过程管理，包括多任务协调、时间进度控制、相关资源调度、人力资源配备等。"经济决策方法"是指对工程项目或产品的设计和实施的全周期、全流程的成本进行分析和决策的方法。

⑫ 终身学习：具有自主学习、终身学习和批判性思维的意识和能力，能够理解广泛的技术变革对工程和社会的影响，适应新技术变革。终身学习：具有自主学习和终身学习的意识，有不断学习和适应发展的能力（4.3.11标准项）。

本标准强调终身学习的能力，是因为学生未来的职业发展将面临新技术、新产业、新业态、新模式的挑战，学科专业之间的交叉融合将成为社会技术进步的新趋势，所以学生必须建立终身学习的意识，具备相应的思维和行动能力。强调了学生能够"理解和适应新技术变革"以及具有"批判性思维"能力。

⑬ 符合本专业毕业要求的计算、工程基础、专业基础与专业类课程。计算、工程基础和专业基础类课程能体现数学和自然科学在本专业应用能力的培养，专业类课程能体现系统设计和实现能力的培养（4.4.3标准项）。

本项标准内涵包括两方面，一是该类课程的教学内容和效果应该能够支撑其在课程矩阵中的作用，工程基础类和专业基础类课程的教学内容能体现运用数学、自然科学和工程科学原理分析、研究专业复杂工程问题的能力培养，专业类课程能体现系统设计和有效实现复杂工程问题解决方案的能力培养；二是课程设置应该符合专业补充标准要求。

⑭ 工程实践与毕业设计（论文）（至少占总学分的20%）。设置完善的实践教学体系，并与企业合作，开展实习、实训，培养学生的实践能力和创新能力。毕业设计（论文）选题要结合本专业的工程实际问题，培养学生的工程意识、协作精神以及综合应用所学知识解决实际问题的能力。对毕业设计（论文）的指导和考核有企业或行业专家参与（4.4.4标准项）。

本项标准是对实践教学环节提出的要求。专业应建立完善的实践教学体系，包括全体学生参与的综合实验项目、实习、实训、课程设计等工程实践和毕业设计（论文）等教学环节，有质量控制标准和管理规范。实践教学环节学分比例不低于20%，实践训练内容符合专业补充标准要求。实习、实训过程实施状况和实际效果应该能够支撑其在课程矩阵中的作用，能体现培养学生的实践能力和创新能力。毕业设计（论文）选题应结合本专业的工程实际问题，能体现培养学生的工程意识、协作精神以及综合应用所学知识解决实际问题的能力；有企业或行业专家参与毕业设计（论文）的指导和考核。

⑮ 人文社会科学类通识教育课程，能支持学生在从事工程设计时考虑经济、环境、法律、伦理、可持续发展等各种制约因素（4.4.5标准项）。

本项标准是针对通识教育课程设置提出的要求。内涵包括两方面，一是课程教学内容和效果应该能够支撑其在课程体系能力矩阵中的作用，帮助学生树立正确的价值观，使学生在从事工程设计时能够考虑经济、环境、法律、伦理、可持续发展等各种制约因素；二是课程设置应该符合专业补充标准要求。

⑯ 教师数量能满足教学需要，结构合理，并有企业或行业专家作为兼职教师（4.5.1标准项）。

本标准项关注的是专业师资队伍的整体情况是否满足工程类专业教育的需要。所谓整体情况，具体指师资数量、队伍结构和兼职教师三个方面。教师的数量是否满足教学需要，主要从在校学生数量、开设课程以及实践教学环节等方面进行评判。师资队伍结构的合理性，主要从年龄结构、职称结构、学历结构、专业结构等方面进行评判。对于工程类专业教育，应有企业或行业专家作为兼职教师参与教学，并能够发挥行业背景的优势和特点。

⑰ 教师应具有良好的师德师风，教师的教学能力、专业水平、工程能力、沟通与合作能力、职业发展能力能满足专业教学的需要；能够开展工程实践问题研究，参与学术交流（4.5.2标准项）。

本标准项在师资层面落实高校立德树人的根本任务，对教师的师德师风提出明确要求。教师个体的职业能力具体包括师德师风、教学能力、专业水平、工程经验、沟通与合作能力、职业发展能力等。专业应从保证教学质量的角度给出上述能力和水平的具体描述和要求；说明本专业对教师工程经验与工程能力的具体要求。教师具有的工程经验与工程能力应在教学活动中发挥作用。专业教师除了参与教学工作之外，还应具有工程实践相关研究工作和学术交流的能力与经历。

⑱ 专业配备的实验室及实验设备在面积、数量和功能上能满足专业教学需要；有安全运行、管理维护和设备更新机制，学生能够安全方便地使用；有与企业合作共建的实习和实训基地，能够支撑学生工程能力的培养（4.6.1标准项）。

本标准项所指支撑条件主要是教室及相关设施、实验室及实验设备、实习和实训基地。关注的是这些教学设施的数量、面积、功能和管理能否满足教学需求，支持学生毕业要求的达成。其中要求有与企业合作共建的实习和实训基地，基地的条件设施和教学内容能够为学生提供支撑学生工程能力培养的真实的工程实践平台。

第①和⑬～⑱条主要是规定了在培养方案修订、课程设置、教师及设施条件，工程认证标准对工程能力培养的直接要求。第②～⑫条对应于工程认证标准的4.3.1～4.3.11的11条毕业要求标准项，涵盖了1.1.4中的陶瓷工程人才培养的知识、能力和素质要求，这11条标准项分别考查学生的工程知识、能力、通用技能、工程态度四个方面，突出的核心是解决复杂工程问题的能力培养。解决复杂工程问题必须分析运用深入的工程原理等知识，建立合适的模型，处理好涉及多方面的技术与非技术等因素，且很可能相互有冲突的多方关系。因此对于复杂工程问题的解决能力，不仅包括全面扎实的理论知识功底，工程实践能力的积累，还需要具有良好的交流沟通、团队组织协调能力，以及充分考虑到社会、环境、健康、安全、法律、文化、可持续发展等制约因素。

### 1.3.2 陶瓷工程实训对工程能力的培养

陶瓷工程实训与其它相关课程教学环节一起，对以上第②～⑫条对应于工程认证标准的4.4.1～4.4.11的11条毕业要求标准项规定的工程能力的培养起到关键的支撑作用。考虑到不同学校、不同专业具有不同条件、不同的教学时长等，可以在培养计划中通盘考虑，有所选择地支撑其中的一部分毕业要求标准项。

以某校无机非金属材料工程专业为例，在培养方案中陶瓷工程实训安排在《生产实习》这一实践性教学环节，实践教学时间为2周。是在学生学习了全部基础理论课（含技术基础课）和部分专业课后进行。

（1）实训项目及教学要求

根据专业培养方案要求，考虑到社会需求、学生及其家长期待、学校特色优势及条件，安排的实训项目及要求如表1-1所示。

表1-1 陶瓷工程实训项目及教学要求

| 序号 | 实训项目 | 知识点 | 教学要求 |
| --- | --- | --- | --- |
| 1 | 实习动员 | 实习安全教育、实习意义、实习内容、实习要求、考核方法 | 了解生产实习的安全知识、实习目的和意义、实习内容、实习要求和考核方法 |
| 2 | 日用瓷釉料的制备 | 日用瓷釉料制备过程中配方设计、称料、球磨等设备操作及工艺参数 | 掌握日用瓷釉料制备流程和设备安全操作规程，掌握配方设计、球磨时间、料球水比等，制备出合格的釉料 |
| 3 | 石膏模制备 | 石膏模具的制备流程和操作规范、工艺参数 | 掌握石膏模具的制备流程和安全操作规范、膏水比例、凝固时间和干燥温度，能够制备出合格品 |
| 4 | 注浆成型与泥浆制备 | 泥浆制备、泥浆密度和流动性、注浆成型流程和安全操作规范 | 掌握泥浆制备流程、泥浆密度和流动性检测方法、注浆成型流程和安全操作规范，能够制备出合格品 |
| 5 | 手工拉坯及陶艺制作 | 手工拉坯成型、拉坯机的安全操作规范、陶艺手工制作、陶艺工具的使用 | 掌握手工拉坯成型方法、拉坯机的安全操作规范、陶艺手工制作、陶艺工具的使用、能够制备出合格品 |
| 6 | 可塑成型 | 可塑泥料制备流程、拉坯成型、机压成型、陶艺制作和设备安全操作规范 | 掌握可塑泥料制备流程、可塑泥浆含水率和可塑性能的检测方法、可塑成型流程和安全操作规范，能够制备出合格品 |
| 7 | 装饰、修坯、补水、上釉、干燥、素烧 | 装饰、修坯、补水操作规范、釉料制备、上釉操作流程、干燥温度、素烧 | 掌握修坯、补水操作流程、釉料的制备过程、釉料制备过程、上釉操作流程、干燥制度、素烧制度、安全操作规范 |
| 8 | 梭式窑结构与烧成 | 梭式窑结构、烧成制度设计、装窑、温度调控、气氛调控、窑压调控、安全操作规范 | 梭式窑结构、掌握烧成制度设计、掌握装窑、温度调控、气氛调控、窑压调控技术，掌握燃气烧成安全操作规范 |
| 9 | 建陶坯釉料的制备 | 建陶坯釉料配方、配料、球磨、除铁、过筛、喷雾干燥等工艺、设备的安全操作规范 | 熟悉建陶坯釉料配方组成，熟悉配料、球磨、除铁、过筛、喷雾干燥等工艺参数，熟悉球磨机、喷雾干燥器等设备的安全操作规范 |
| 10 | 压制成型、干燥、釉线 | 压制粉料、压机结构、成型压力、压制时间等工艺、干燥、施釉、设备安全操作规范 | 了解压制粉料含水率和颗粒级配检测方法、压制成型原理、成型压力和保压时间、干燥制度等参数，熟悉设备的安全操作规程 |
| 11 | 陶瓷喷墨打印 | 陶瓷墨水的制备与性能指标要求，陶瓷喷墨打印机的安全操作规范 | 熟悉墨水的制备工艺及性能指标要求，掌握陶瓷喷墨打印机的基本结构，熟悉陶瓷喷墨打印工艺 |
| 12 | 辊道窑及其烧成 | 辊道窑结构与功能、烧成制度、安全烧成操作流程 | 掌握辊道窑的结构及其功能，制定合适烧成制度（烧成温度、升温速率、烧成气氛、保温时间、冷却速率等），熟悉辊道窑烧成的安全操作流程 |

续表

| 序号 | 实训项目 | 知识点 | 教学要求 |
| --- | --- | --- | --- |
| 13 | 先进建筑陶瓷生产线VR教学 | 先进建筑陶瓷生产线的整体工艺及主要生产环节 | 通过VR沉浸式教学，使学生了解先进的建筑陶瓷生产技术及设备，熟悉陶瓷生产对社会、健康、安全以及文化的影响 |
| 14 | 虚拟仿真实验教学 | 喷雾干燥操作虚拟仿真实验、梭式窑烧成操作虚拟仿真实验 | 熟悉喷雾干燥塔的基本结构及安全操作规程；掌握梭式窑的基本结构，能够制定合适的烧成制度（烧成温度、升温速率、烧成气氛、保温时间、冷却速率等），熟悉梭式窑烧成的安全操作流程 |
| 15 | 实习日志、实习报告 | 影响产品性能的因素，缺陷产生原因及解决办法，陶瓷生产各工序对社会、健康、安全、法律以及文化的影响，陶瓷生产工艺的可持续发展 | 实习日志和报告能就生产实习中的问题，以文稿、图表等形式概括总结；能够分析和评价陶瓷生产对社会、健康、安全、法律以及文化的影响，并理解应承担的责任；并且能够对影响产品质量的各种因素、缺陷产生原因及解决办法提出相应措施；能够站在环境保护和可持续发展的角度思考、评价整个产品周期中可能对人类和环境造成的损害和隐患 |

### （2）陶瓷工程实训方式

实训方式采用校内动员、校内外实训相结合方式，校内安排在陶瓷工程实训中心以分组方式进行，校外到具有先进生产工艺及设备的陶瓷企业进行实习。实习动员要求包括生产实习安全教育，培养学生安全意识；实习过程中，指导学生系统地进行陶瓷材料（日用陶瓷、建筑陶瓷）生产工艺过程的基本操作，并讲授陶瓷生产对社会、健康、安全、法律以及文化的影响，培养学生作为材料人、陶瓷人的责任意识和环保意识。实习以集中实习形式进行，小组负责人由组员轮流担任，在分组实习过程中，小组负责人能胜任负责人的角色与责任，能够组织、协调和指挥小组开展工作，培养学生的团队协作精神。

### （3）陶瓷工程实训培养的工程能力

通过实训，学生可以了解和掌握陶瓷材料的生产环节，加深对已学专业理论知识的理解和认识；使学生获得组织和管理生产的初步知识和能力；通过系统总结整个生产实习过程，收集阅读和分析理解产品的有关资料，增强学生理论联系实际，提高学生在生产实践中调查研究、观察问题、分析问题、评价问题以及解决复杂工程问题的能力。

具体地说，陶瓷工程实训对工程能力的培养可以达到以下6个课程目标和1个课程思政目标。

课程目标1：实践陶瓷材料（如日用陶瓷、建筑陶瓷）生产工艺过程的主要环节，掌握基本操作技能，了解其技术指标、工艺操作规程，以及有关生产设备的性能特点、安全操作步骤及应急处理情况。

课程目标2：通过实习能够分析和评价陶瓷生产对社会、健康、安全以及文化的影响。

课程目标3：通过产品的整个生产过程操作训练，能够站在环境保护和可持续发展的角度思考、评价陶瓷生产各工序可能对人类和环境造成的损害和隐患。

课程目标4：在实习过程中，了解国内外行业的发展现状，能够自觉遵守岗位纪律，严格做到安全操作，不给他人造成危害，实习完成后，整理好岗位卫生，不留下安全隐患。

课程目标 5：通过实习能够理解工程师对社会、健康、安全以及环境保护应承担的责任。

课程目标 6：在分组实习过程中，成员轮流当组长或副组长，能够组织、协调和指挥小组开展工作。

课程思政目标：培养学生具有为他人考虑的良好品德；初步培养学生的工程思维能力，强化学生的工程伦理教育；培养劳动光荣的劳模精神，精益求精的大国工匠精神；使学生初步具有职业道德；激发学生振兴产业、实干铸就辉煌的使命担当。

6 个课程目标为毕业要求中的 4.3.6、4.3.7、4.3.8 三个标准项所要求的工程能力培养，提供了有力支撑（如表 1-2 所示）。

**表 1-2　生产实习的课程目标对毕业要求工程能力的支撑**

| 毕业要求的工程能力 | 毕业要求工程能力的分解指标点 | 支撑关系 |
|---|---|---|
| 4.3.6 工程与可持续发展。能够基于无机非金属材料专业工程相关背景知识进行合理分析，评价无机非金属材料专业工程实践和传统陶瓷或先进陶瓷配方设计、合成制备、工艺优化等复杂工程问题的解决方案对健康、安全、环境、法律以及经济和社会可持续发展的影响，并理解应承担的责任 | 4.3.6.1 熟悉规范：了解无机非金属材料专业领域的技术标准体系、知识产权、产业政策和法律法规，理解不同社会文化对工程活动的影响 | 目标 1 |
| | 4.3.6.2 分析评价：能够分析和评价无机非金属材料专业工程实践对社会、健康、安全、法律以及文化的影响，以及这些制约因素对项目实施的影响，并理解应承担的责任 | 目标 2 |
| | 4.3.6.3 评价影响：能够站在环境保护和可持续发展的角度思考无机非金属材料专业工程实践的可持续性，评价产品周期中可能对人类和环境造成的损害和隐患 | 目标 3 |
| 4.3.7 工程伦理和职业规范。有工程报国、为民造福的意识，具有人文社会科学素养和社会责任感，能够在无机非金属材料专业工程实践中理解和践行工程伦理，在工程实践中遵守工程职业道德、规范和相关法律，履行责任 | 4.3.7.1 工程伦理和人文素养：有工程报国、为民造福的意识，具有正确价值观，理解个人与社会的关系，了解中国国情 | 目标 4 |
| | 4.3.7.3 履行责任：理解工程师对公众安全、健康和福祉，以及环境保护的社会责任，能够在工程实践中自觉履行责任 | 目标 5 |
| 4.3.8 个人和团队：能够在多样化、多学科背景下的团队中承担个体、团队成员以及负责人的角色 | 4.3.8.2 领导协调：能胜任负责人的角色与责任，能够组织、协调和指挥团队开展工作 | 目标 6 |

6 个课程思政目标融入对应的教学内容当中，如表 1-3 所示。

**表 1-3　课程思政目标内容**

| 课程目标 | 内容 |
|---|---|
| 目标 1 | 指导教师作动员报告、生产实习安全教育。思政融入点：安全教育强调不给他人造成危害，培养学生具有为他人考虑的良好品德 |
| | 日用瓷釉料的制备；石膏模制备；注浆成型与泥浆制备；手工拉坯及陶艺制作；可塑成型；装饰、修坯、补水、上釉、干燥、素烧等；梭式窑结构与烧成；建陶坯釉料的制备；压制成型、干燥、釉线；辊道窑及其烧成等实习工序。思政融入点：通过实践操作，培养劳动光荣的劳模精神，精益求精的大国工匠精神 |

续表

| 课程目标 | 内容 |
| --- | --- |
| 目标 2 | 完成实习后对实习过程系统性总结。思政融入点：实习报告要求分析和评价陶瓷生产对社会、健康、安全以及文化的影响，培养学生具有一定的工程思维能力 |
| 目标 3 | 完成每道实习工序后对实习工序的总结。思政融入点：实习日志要求学生能够站在环境保护和可持续发展的角度思考、评价陶瓷生产各工序可能对人类和环境造成的损害和隐患，强化学生的工程伦理教育 |
| 目标 4 | 实习过程中的考勤、安全及卫生评价。思政融入点：通过各工序岗位的要求，初步培养学生的职业理想和道德 |
| 目标 5 | 完成现场实习后对实习过程系统性总结。思政融入点：通过实习总结，学生能够理解陶瓷工程技术人员对社会、健康、安全以及环境保护应承担的责任，激发学生的振兴陶瓷产业的使命担当 |
| 目标 6 | 分组实习过程中组长及副组长承担的责任。思政融入点：通过承担小组负责人的责任，培养学生的担当精神 |

### （4）陶瓷工程实训安排

生产实习的陶瓷工程实训安排如表 1-4 所示。

**表 1-4　陶瓷工程实训安排表**

| 序号 | 实训项目内容 | 参考时间/d | 实习方式 | 实训成果体现形式 |
| --- | --- | --- | --- | --- |
| 1 | 实习动员、生产实习安全教育 | 0.5 | 讲授 | 实习日志 |
| 2 | 日用瓷釉料的制备 | 1 | 实践 | 合格釉料、实习日志 |
| 3 | 石膏模制备 | 0.5 | 实践 | 石膏模具、实习日志 |
| 4 | 注浆成型与泥浆制备 | 1 | 实践 | 注浆坯体、实习日志 |
| 5 | 手工拉坯及陶艺制作 | 1 | 实践 | 拉坯陶艺制作坯体、实习日志 |
| 6 | 可塑成型 | 0.5 | 实践 | 可塑成型坯体、实习日志 |
| 7 | 装饰、修坯、补水、上釉、干燥、素烧等 | 1 | 实践 | 半成品、实习日志 |
| 8 | 梭式窑结构与烧成 | 1 | 实践 | 实习日志 |
| 9 | 建陶坯釉料的制备 | 0.5 | 实践 | 实习日志 |
| 10 | 压制成型、干燥、釉线 | 0.5 | 实践 | 实习日志 |
| 11 | 陶瓷喷墨打印 | 0.5 | 实践 | 实习日志 |
| 12 | 辊道窑及其烧成 | 1 | 实践 | 实习日志 |
| 13 | 先进建筑陶瓷生产线 VR 教学 | 0.5 | 实践 | 实习日志 |
| 14 | 虚拟仿真实验教学 | 0.5 | 实践 | 实习日志、虚拟仿真实验报告 |
| 15 | 实习报告 | / | 总结归纳撰写报告 | 实习报告 |

注：实训内容及时间实训过程中可根据实际情况适当调整。

## 1.4 陶瓷工程实训对能力达成评价及其考核标准

继续以某校无机非金属材料工程专业为例，如何评价陶瓷工程实训对工程能力达成？虽然生产实习课程目标支撑了相应的工程能力培养，但还需结合其它相关课程相应的课程目标达成度，才能最终评价对应于毕业要求的工程能力达成。

### 1.4.1 课程目标与考核环节对应关系

各考核环节所占分值比例可根据具体情况进行调整，建议值如表 1-5 所示。

**表 1-5 课程目标达成评价与考核环节对应关系表** 单位：%

| 课程目标 | 考核与评价方式及成绩比例 | | | | | 成绩比例 |
|---|---|---|---|---|---|---|
| | 工序操作与产品 | 实习日志 | 实习报告 | 纪律、安全、卫生 | 组织、协调 | |
| 课程目标 1 | 40 | 10 | 0 | 0 | 0 | 50 |
| 课程目标 2 | 0 | 0 | 10 | 0 | 0 | 10 |
| 课程目标 3 | 0 | 10 | 0 | 0 | 0 | 10 |
| 课程目标 4 | 0 | 0 | 0 | 10 | 0 | 10 |
| 课程目标 5 | 0 | 0 | 10 | 0 | 0 | 10 |
| 课程目标 6 | 0 | 0 | 0 | 0 | 10 | 10 |
| 合计 | 40 | 20 | 20 | 10 | 10 | 100 |

注：该表格中比例为课程整体成绩比例。

### 1.4.2 各考核环节评价标准

各考核环节的评价标准如表 1-6 所示。

**表 1-6 陶瓷工程实训考核环节评价标准**

| 课程目标 | 考核环节 | 评价标准 | | | | |
|---|---|---|---|---|---|---|
| | | 优秀 90～100 | 良好 80～89 | 中等 70～79 | 及格 60～69 | 不及格 0～59 |
| 目标1 | 工序实践操作与产品 | 熟练掌握安全操作规程、技术规范及应急处理情况；熟练进行安全操作，制备样品质量好 | 较熟练掌握安全操作规程、技术规范及应急处理情况；熟练进行安全操作，制备样品质量较好 | 掌握安全操作规程及应急处理情况尚可；操作不太熟练，制备样品质量一般 | 安全操作规程及应急处理情况一般；操作不熟练，制备样品质量一般 | 没掌握安全操作规程及应急处理情况掌握不全；制备样品质量较差 |
| | 实习日志 | 各工序的工艺过程及工艺控制指标准确、齐全 | 各工序的工艺过程及工艺控制指标较准确、较齐全 | 各工序的工艺过程及工艺控制指标尚可、较齐全 | 各工序的工艺过程及工艺控制指标不太准确、不齐全 | 各工序的工艺过程及工艺控制指标不准确、不全面 |

续表

| 课程目标 | 考核环节 | 评价标准 | | | | |
|---|---|---|---|---|---|---|
| | | 优秀 90～100 | 良好 80～89 | 中等 70～79 | 及格 60～69 | 不及格 0～59 |
| 目标2 | 实习报告 | 能够很好地分析和评价陶瓷生产对健康、安全、环境、法律以及经济和社会可持续发展的影响 | 能够较好地分析和评价陶瓷生产对健康、安全、环境、法律以及经济和社会可持续发展的影响 | 分析和评价陶瓷生产对健康、安全、环境、法律以及经济和社会可持续发展的影响尚可 | 分析和评价陶瓷生产对健康、安全、环境、法律以及经济和社会可持续发展的影响一般 | 不能够分析评价陶瓷生产对健康、安全、环境、法律以及经济和社会可持续发展的影响 |
| 目标3 | 实习日志 | 能够站在环境保护和可持续发展角度很好地评价各工序可能对人类和环境造成的损害和隐患 | 能够站在环境保护和可持续发展的角度较好地评价各工序可能对人类和环境造成的损害和隐患 | 站在环境保护和可持续发展的角度，评价各工序可能对人类和环境造成的损害和隐患尚可 | 站在环境保护和可持续发展的角度，评价各工序可能对人类和环境造成的损害和隐患一般 | 不能够评价各工序可能对人类和环境造成的损害和隐患 |
| 目标4 | 考勤、安全、卫生 | 自觉遵守岗位纪律，不迟到早退；严格做到安全操作，不给他人造成危害，实习完成后，整理好岗位卫生，不留下安全隐患 | 能够较好地遵守岗位纪律，不迟到早退；能够做到安全操作，不给他人造成危害，实习完成后，岗位卫生较好，不留下安全隐患 | 偶尔有迟到早退；能够做到安全操作，实习完成后，岗位卫生尚可，不留下安全隐患 | 有迟到早退现象；能够做到安全操作，实习完成后，岗位卫生一般，不留安全隐患 | 经常有迟到早退或缺席；不注意安全操作，岗位卫生较差，留下安全隐患或出现了安全事故 |
| 目标5 | 实习报告 | 能够很好地理解工程师对健康、安全、环境、法律以及经济和社会可持续发展应承担的责任 | 能够较好地理解工程师对健康、安全、环境、法律以及经济和社会可持续发展应承担的责任 | 理解工程师对健康、安全、环境、法律以及经济和社会可持续发展应承担的责任尚可 | 理解工程师对健康、安全、环境、法律以及经济和社会可持续发展应承担的责任一般 | 不能够理解工程师对健康、安全、环境、法律以及经济和社会可持续发展应承担的责任 |
| 目标6 | 组织协调 | 在分组实习过程中，作为实习小组成员完全能够遵守纪律、服从安排；作为小组负责人，能够很好地组织、协调全组成员做好安全、卫生、纪律等工作，全组成员表现好 | 在分组实习过程中，作为实习小组成员能够遵守纪律、服从安排；作为小组负责人，能够较好地组织、协调全组成员做好安全、卫生、纪律等工作，全组成员表现较好 | 在分组实习过程中，作为实习小组成员能够遵守纪律、服从安排；作为小组负责人，基本能够组织、协调和指挥小组做工作，全 组成员表现一般 | 在分组实习过程中，作为实习小组成员基本能够遵守纪律；作为小组负责人，组织、协调和指挥不足，小组中有部分成员表现较差 | 在分组实习过程中，作为实习小组成员遵守纪律差；作为小组负责人不能够组织、协调和指挥小组工作，小组成员表现差 |

注：1. 日用瓷釉料的制备；石膏模制备；注浆成型与泥浆制备；手工拉坯及陶艺制作；可塑成型；装饰、修坯、补水、上釉、干燥、素烧等；梭式窑结构与烧成；建陶坯釉料的制备；压制成型、干燥、釉线；辊道窑及其烧成等各工序由各工序的指导老师分别按照以上标准，可再设置评分细则进行评分，最后统计计算总分。

2. 总评成绩按照五个等级进行评价，由课程各部分成绩之和评定。90～100 分：优秀，80～89 分：良好，70～79 分：中等，60～69 分：及格，59 分及以下：不及格。

## 1.5 陶瓷工程实训要求

要达到陶瓷工程实训 OBE 理念的课程目标，学生在实训前、实训期间以及实训后总结，需做到以下要求。

### 1.5.1 实训前准备

① 复习专业知识　学生需提前复习《材料科学基础》、《陶瓷工艺学》、《建筑陶瓷工艺学》、《热工过程及设备》等相关专业课程，重点掌握陶瓷原料、坯釉料、设备、烧成工艺等核心知识，打牢实训相关的理论基础，为理论与实践相结合、培养自己知识的应用能力作好充分准备。

② 主动拓展陶瓷工程知识　通过查阅文献资料、观看教学视频等方式，对陶瓷工程的最新发展动态和前沿技术有所了解，拓宽视野，激发实践学习兴趣。

③ 提前熟悉实训内容　根据实训教材、课程教学大纲，熟悉实训目标、内容、方法和安排。

### 1.5.2 实训期间要求

① 认真听讲与记录　实训期间，学生要全神贯注地听取指导老师的讲解，做好笔记，确保能够准确理解并掌握相关知识和技能。

② 虚心请教与实践　在遇到问题时，要虚心向指导老师及有经验的师傅请教，勇于动手实践，通过实际操作加深对理论知识的理解，锻炼自己的动手能力。

③ 积极思考与分析　结合所学专业知识，对实训过程中的现象和问题进行积极思考和分析，提高自己发现问题、分析问题和解决问题的能力。

④ 遵守规章制度　严格遵守实训场所的各项规章制度，特别是各项安全规范、设备安全操作规程，确保实训过程安全有序的进行。

⑤ 时间管理与岗位要求　有严格的时间观念，不迟到不早退，合理安排时间；严格按照各工序岗位的要求，确保完成各工序岗位的实训任务。

### 1.5.3 团队协作与领导能力培养

① 融入团队　学生应自觉融入小组团队中，与同学和睦相处，相互帮助，共同完成分配的任务。

② 协助组长工作　在实训过程中，学生应主动协助组长工作，分担组长的任务和责任。

③ 承担组长职责　在轮值组长期间，应积极思考如何做好组长工作，积极主动承担起小组领导的职责，组织协调好小组全体成员完成实训的各项任务。

### 1.5.4 日志、报告内容与要求

实习日志：每天实训完成后，及时总结当天的实习工作所遇到的问题和收获体会，实习日志应详细记录实训过程遇到的问题及解决方法、个人的感悟和体会等。需要有意识地站在

环境保护和可持续发展的角度，思考、评价陶瓷生产工序可能对社会和环境造成的损害和隐患。

实习报告：整个实训结束后，学生应及时分析实训过程中的经验和教训，系统总结归纳实训过程中取得的成果、遇到的问题及解决方法、个人的收获和体会等。报告应具有条理性和逻辑性，能够清晰地表达出自己的思考和见解。报告内容应包括所实训的陶瓷产品生产工艺流程的整体概述，实习体会和收获、见解、致谢和参考文献等。注意分析和评价陶瓷生产对健康、安全、环境、法律以及经济和社会可持续发展的影响，写出自己关于工程师对社会、健康、安全以及可持续发展应承担责任的理解。

通过以上实训要求的执行，学生将能够全面提升自己的陶瓷工程实践能力和综合素质，为未来的学习和工作奠定坚实的基础。

# 第2章 实训安全与健康

安全是当今世界上普遍关注的一个重大课题，已伴随着人类文明社会的生存与生产走过了数千年。人类社会越向前发展，人类的文明程度越高、人们对安全的要求和重视程度也就越高。通过本章的学习，了解安全基本概念，掌握实训安全与健康的基础知识与技能；理解实训安全与健康的重要性，认识到实训中发生事故将会带来一系列负面效应，从而理解只有具备较强的安全意识，才能有效预防事故和规避风险。

## 2.1 实训安全基础

### 2.1.1 安全概念与安全意识

什么是安全呢？辞海中有："无危则安，无缺则全"，但事实上，绝对的"无危无缺"的状态是不存在的。比较容易理解的解释是，安全是一种状态，是人们免遭不可接受风险的状态。这里的状态指的是物体、事件、组织或单位或个人等在某个空间和某个时间段的状态。一个状态是否安全，随技术发展、知识水平、社会发展阶段的不同，会有不同的认识、不同的安全判断标准，也就是说安全事实上具有相对性。但可以简而言之，没有隐患和事故的状态就是安全状态。

广义安全内涵及其扩展有三个内容：其一，安全是指人的身心安全（含健康），不仅仅是人的躯体不伤、不病、不死，而且还要保障人的心理的安全与健康；其二，安全涉及的范围超出了生产、劳动的时空领域，拓展到人能进行活动的一切领域；其三，人们随社会文明、科技进步、经济发展、生活富裕的程度不同，对安全需求的水平和质量就具有不同时代感的全新内容和标准。

安全的生产实习，需要在生产实习过程中，提供安全的各项劳动条件，克服不安全因素和不卫生条件，使劳动生产在保证劳动者的安全和健康、财产免受损失的前提下进行。它既包括对劳动者的保护，也包括对生产财物、环境的保护，使生产实习正常进行。

所谓安全意识，就是人们头脑中建立起来的必须安全的观念。人们在各项活动中，对各种各样可能对自己或他人造成伤害的外在环境条件的一种戒备和警觉的心理状态。

陶瓷工程实训过程中，安全意识主要有以下四点表现形式。

**（1）"安全第一"意识**

"安全第一"是做好实训工作的试金石，是落实"以人为本"的根本措施。"预防为主"是实现安全第一的前提条件，也是重要手段和方法。"隐患险于明火，防范胜于救灾"，虽然还不可能完全杜绝事故的发生，实现绝对安全，但只要积极探索规律，采取有效的事前预防和控制措施，做到防患于未然，将事故消灭在萌芽状态，各项事故是可以大大减少甚至可以避免的。

（2）遵守生产安全法律法规意识

随着我国各项安全法律法规的制定和完善，人们的安全法律意识和法治观念也需要进一步提高，依照安全法律法规生活和学习工作，自觉提升法律意识，自觉遵守实训单位的各项规章制度，也是做好安全生产实习的前提。

（3）自我保护及保护他人意识

安全首先是自己的责任，应具有良好的自我保护意识，保护自己不被伤害；不能因为自己失误伤害自己，伤害他人，甚至给国家造成不可估量的损失，危及到社会的稳定。

（4）集体（群体）意识

一定要树立良好的集体（群体）意识，在班集体内相互帮助，相互保护，相互协作，密切配合，这是保障安全的重要条件。例如滚压成型操作中有人放置泥料时，没有相互协作配合，他人开启机器运行极易发生伤害事故。

在生产实训中，需要有意识地培养以上安全意识。同时需特别注意防止出现以下三种负面安全意识。

① 混沌型：认为如今的安全水平还过得去，浑浑噩噩地生产工作，思想深处存在“生死由命、富贵在天”的想法，这种安全意识与安全知识水平低下有直接关系。

② 自恃型：此类型多为技术较熟练的学生或老师，自恃经验丰富，在实训工作中无所顾忌，他们发生事故可能性很大。

③ 任务型：为了完成实训任务，不顾劳累连续工作，超负荷运转，以致安全意识每况愈下，往往很容易导致发生事故。

### 2.1.2 实训有关的安全法律

依法治国是我国的基本方略，是发展社会主义市场经济的客观需要，也是国家长治久安的必要保障。增强安全法律意识是运用法律手段保障安全的前提，安全事关重大，需要有法律权威的力量来支持与保障。增强安全法律意识的目的，就是使人们认识到法律的权威不容侵犯，自觉遵守安全法律、法规，从而保障实训活动安全运行。

我国有关安全生产的法律法规很多，全部由现行的、不同的安全法律规范形成的有机联系的统一整体称为安全法律体系，包括法律、法规、规章和法定安全标准等。

我国与陶瓷工程实训有关安全的专门法律有《中华人民共和国安全生产法》《中华人民共和国消防法》《中华人民共和国特种设备安全法》；与安全相关的法律主要有《中华人民共和国劳动法》《突发事件应对法》《行政处罚法》《电力法》《职业病防治法》等。

与实训有关的安全生产法规主要有《生产安全事故报告和调查处理条例》《危险化学品安全管理条例》《安全生产许可证条例》《特种设备安全监察条例》《工伤保险条例》等。

应急管理部颁布的有关安全生产的部门规章主要有《生产经营单位安全培训规定》《安全生产事故隐患排查治理暂行规定》《生产安全事故应急预案管理办法》《注册安全工程师管理规定》等。

安全生产标准是安全生产法律法规体系的重要组成部分，也是安全生产管理的基础和监督执法工作的重要技术依据。与实训有关的安全生产标准的范围包括电气安全及防爆安全、危险化学安全、消防安全、机械安全、建筑安全、体防护装备及特种设备安全等，如 GB 50016—2014[2018 年版]《建筑设计防火规范》。

### 2.1.3 实训安全基本知识

陶瓷工程实训涉及的危险源主要有气体燃料、机械设备、电等。

陶瓷烧成、喷雾干燥等工序实训时需要用到燃料，常用的气体燃料有液化气、天然气。液化气因方便存储和运输而使用更广泛，本教程以液化气为例介绍。

#### (1) 液化气的性质与危害

液化气是液化石油气的简称，是石油加工过程中得到的一种无色挥发性液体，主要成分为乙烯、乙烷、丙烷、丙烯、丁烷、丁烯，并含有少量戊烷和微量硫化氢等杂质。不溶于水，熔点－160～－107℃，沸点－12～4℃，闪点－80～－60℃，相对密度（水＝1）0.5～0.6，相对蒸气密度（空气＝1）1.5～2.0，爆炸极限 5%～33%（体积比），自燃温度 426～537℃。外观与性状为无色气体或黄棕色油状液体，有特殊臭味。为了提醒人们及时发现液化气是否泄漏，加工厂常向液化气中混入少量有恶臭味的硫醇或硫醚类化合物，也就是特殊臭味的来源。

物理化学危险：极易燃，属一级可燃气体。与空气混合能形成爆炸性混合物，遇热源或明火有燃烧爆炸危险。比空气重，能在较低处扩散相当远，遇火源会着火回燃。

健康危害：吸入液化气主要侵犯中枢神经系统，轻度中毒主要表现为头晕、头痛、恶心、咳嗽、食欲减退、乏力、失眠等；重者失去知觉、小便失禁、呼吸变慢、呕吐、昏迷等症状，更严重者可出现休克、窒息甚至死亡。皮肤接触可引起冻伤。眼睛接触可引起眼刺激或灼伤。误吞可造成消化道灼伤。

环境危害：对环境有害，可对水体、土壤和大气造成污染。

#### (2) 液化气危害的急救措施

① 液化气泄漏的应急处置：立即关闭液化气开关，停止使用液化气；杜绝一切火源，禁止开启或关闭任何电器开关；轻轻打开所有门窗加强通风，并迅速疏散至户外安全空旷处报警处置（禁止在液化气泄漏的区域附近拨打手机）。

② 漏气起火处置：发生因漏气或软管松动起火时，立即将软管折叠掐紧切断气源或关闭液化气钢瓶瓶阀；发现钢瓶瓶阀起火时，对火场中的气瓶要用大量水降温，防止爆炸；立即将液化气瓶移至空旷安全地带进行处理（用湿毛巾或不燃物质护住手后将钢瓶瓶阀关闭），并迅速疏散人员、报警。

③ 吸入液化气的应急处置：立即转移至空气新鲜通风处，重者立即就医。

④ 皮肤接触液相的应急处置：立即用自来水冲洗 15 分钟以上，重者立即就医。

#### (3) 液化气的安全操作注意事项

① 液化气罐（瓶）房建筑应符合 GB 50016—2014[2018 年版] 和 GB 50183—2015 的规定，保持通风、干燥，要防止潮湿或油类等腐蚀钢瓶，保持钢瓶的清洁完好，所有附件保持完整。

② 液化气罐（瓶）严防曝晒、严禁靠近明火或温度较高的地方；液化气罐（瓶）需直立使用，严禁倒立或卧倒使用。

③ 严禁敲击、碰撞及在地面上拖拉气瓶，因为轻则损坏油漆，重则气瓶变形报废，甚至会使气瓶破损，发生火灾、爆炸事故。

④ 严禁用火、蒸汽、热水和其他热源对钢瓶加热，严禁私自倒出瓶内液化石油气和处理残液，严禁钢瓶互相导气。

⑤ 安装、使用液化气管道、液化气设施的房间，要保持通风换气，并配备足量灭火器（干粉灭火器），其附近应设置消防栓，以防燃气事故发生。

⑥ 使用、存储液化气的房间内，必须装设可燃气体浓度泄漏报警器，所有电气设备一律采用防爆型，电器开关的熔断器应装在室外，以免一旦泄漏发生火灾或爆炸。

⑦ 陶瓷烧成实训时人不要远离，以免脱火或回火发生事故。

⑧ 烧成实训完毕后，注意按次序关好气瓶、管道及烧嘴阀门，做到人走火灭，确保安全。

⑨ 如气罐（瓶）存在质量问题，严禁自行拆卸检查和修理，应报送有资质单位进行检修。

**（4）定期安全检查**

① 定期（每月）用肥皂水检查燃气设备及管道接头、开关、软管等部位，看有无漏气，切忌用明火检漏。如发现有气泡冒出，或有液化气气味，应打开窗户通风，现场严禁开关电器，使用通讯工具，杜绝一切可能的火种，并立即修复。如果密封圈脱落、破损，应立即更换。

② 液化气专用胶管每年检查、更换一次。胶管漏气应停止使用，如发现液化气罐泄漏时，应立即关闭角阀，注意通风换气，严禁各种火种靠近，切勿触动任何电器开关，杜绝各种可能的电火花，待漏出的液化气散发后，再用肥皂水查漏。

③ 户外埋设有燃气管道的地面，如发现附近草木有枯黄变色等异常现象，或地面积水处冒气泡具有异味，应警觉可能是管道漏气，必须及时报告管道燃气公司派人处理。

④ 钢瓶的定期检验：钢瓶使用未超过 20 年，每 5 年检验一次；超过 20 年的，每 2 年检验一次；钢瓶在使用过程中发现有严重腐蚀、损伤或对其安全可靠性有怀疑时，应及时进行检验；承担钢瓶定期检验的单位，应取得检验资格证书；从事钢瓶检验工作的人员，应取得气瓶检验员资格证书；钢瓶定期检验，应符合 GB 8334 的要求，经检验合格的钢瓶，检验单位应出具《钢瓶检验合格证》。

**（5）机械设备安全操作注意事项**

陶瓷工程实训需要使用的机械设备主要包括球磨机、练泥机、塑压机、拉坯机、液压自动压砖机、淋釉机、输送带、搅拌机等。在后面各章节中将介绍各工序所涉及设备的具体安全操作步骤，这里只是说明通用的机械设备安全注意事项。

① 实训操作前，必须熟悉设备的性能、工艺要求以及设备的安全操作规程；必须按规定穿戴好防护用品，女生要把发辫盘好或放入帽内，严禁穿拖鞋、裙子、赤脚、赤膊、敞衣、戴头巾、围巾进入实训场所，旋转机床严禁戴手套操作；必须检查设备和工作场地，排除故障和隐患，保证安全防护、信号保险装置齐全、灵敏、可靠，保持设备润滑及通风良好。

② 实训操作时，应集中精力，坚守岗位，不准擅自将自己的工作交给他人；严禁打闹、

听音乐等做与本实训岗位工作无关的事；凡运转设备，不准跨越、传递物件和触动危险部位；不得用手拉、嘴吹泥屑；调整检查设备需要拆卸防护罩时，要先停电关车。不准无罩开车。各种机具不准超限使用。中途停电，应关闭电源。

③ 实训完成后，及时切断电源、气源、汽源、熄灭火种，清理场地；搞好文明实训，保持车间、通道、设备等整齐清洁和畅通无阻。

④ 检查修理机械设备时，必须挂停电警示牌，设人监护。停电牌必须谁挂谁取，非工作人员严禁合闸。开关在合闸前要细心检查，确认无人检修时方准合闸。

⑤ 设备的各种安全防护装置、照明、信号监测仪表、警戒标志、防雷装置等，不准随意拆除或非法占用。

⑥ 发生事故或恶性未遂事故时，要及时抢救，保护现场，并立即报告指导老师。

陶瓷工程实训设备大多是用电设备，涉及用电安全，故本教程也简要介绍用电安全知识。

(6) 用电安全知识

① 用电线路及电器设备绝缘必须良好，严禁使用绝缘损坏的电气设备。

② 不准乱拉乱接电线，以防触电或发生火灾。

③ 严禁用水清洗带电设备或者用潮湿抹布擦拭带电设备，以防触电。

④ 熔断器（保险丝）要选择合理，切忌用铜丝、铝丝等替代，以防发生火灾。

⑤ 设备需可靠接地。

⑥ 检修设备时需先断电，安装和维修电气设备需专业电工，无证不得安装维修。

⑦ 如用电设备发生火灾应先切断电源再来救火，切忌直接用水灭火，以防触电。

⑧ 发现有人触电应先设法切断电源再进行急救。

## 2.2 实训的心理和生理健康

人类的劳动按其类型分为脑力劳动、体力劳动和脑体混合劳动等 3 类。陶瓷工程实训是培养学生理论联系实践、综合应用专业知识的能力，故实训应是体力劳动和脑力劳动的结合，是属于脑体混合劳动。人在劳动过程中，机体通过其神经—体液的调节和适应，以满足劳动时的动作和心理要求。正常情况下，这种调节和适应会促进劳动者的健康。但若劳动负荷过大、时间过长、劳动制度或分配不合理及环境条件太差，以至人体不能适应或耐受时，这些就可能构成生产劳动过程中的有害因素，造成生理和心理过度紧张，很容易引发安全事故，甚至损害身心健康。因此，有必要了解在实训过程中人的生理和心理，以便对这方面的健康危害采取正确的预防和应对措施。

### 2.2.1 实训心理紧张及其表现

紧张是人体对外界刺激的一种心理反应，是在客观需求与主观反应能力之间的一种（可感受到的）失衡。此时，由于不能满足需求就可能引起相应的（可觉察的）功能性紊乱。由紧张引起的短期生理、心理或行为表现称为紧张反应。实训时的紧张表现如下。

（1）心理异常

过度紧张可引起人们的心理异常反应，主要表现在情感和认知方面。例如实训满意度下降、抑郁、焦虑、易疲倦、感情淡漠、注意力不集中、记忆力下降、易怒，使个体应对能力下降。

（2）生理不适

主要是躯体不适，血压升高，心率加快，血凝加速，皮肤生理电反应增强，血和尿中儿茶酚胺和17-羟类固醇增多，尿酸增加。对免疫功能可能有抑制作用，可致肾上腺素和去甲肾上腺素的分泌增加，致血中游离酸和高血糖素增加。

（3）行为表现

紧张可引起有害的个人行为，如怠工、缺勤；过量吸烟、酗酒；不愿参加集体活动等。

（4）精疲力竭

精疲力竭的发生是紧张的直接后果，是个体不能应对紧张的最重要的表现之一。精疲力竭主要表现在3个方面：①生理性衰竭；②情绪性耗竭，情绪资源过度消耗，表现为情感抑郁、无望和无助等；③精神性衰竭，精力过分损耗，对工作、朋友和家人均表现为负性态度。精疲力竭的后果是严重的，不仅会丧失工作能力，还可能危及生命。

紧张按其状态可分为过度紧张、适度紧张和紧张不足3种。适度紧张能有效保证实训人员适应一般情况下的工作条件和工作环境，保持良好的情绪状态，有效控制和分配注意力，准确感知劳动对象，积极完成各种思维、判断活动。同时，保证实训人员在严格遵守操作程序要求的前提下，最大限度地减少心理和体力的消耗，保持旺盛的工作热情，从而有利于减少失误和事故，使实训人员安全、优质高效地完成任务。适度紧张也有一定的消极影响，但这些影响都是劳动者提高适应能力可以加以克服的，不会对其身心造成严重的危害。紧张不足和过度紧张都不利于工作的有效完成，对劳动者的身心亦有不良影响。

### 2.2.2 实训心理紧张的克服办法

实训开始时，面对不同于课堂教学的环境，特别是面临较复杂操作及危险场景时，心理紧张是许多学生会遇到的问题，但可以通过以下方法来有效克服它。

① 理解并接受情绪：认识到紧张是自然的反应，特别是在面对新的挑战和未知环境时，接受自己的情绪，不要试图压抑或否认紧张感。

② 充分准备：提前了解实训的内容和要求，确保自己对所要做的事情有清晰的了解；通过教材、视频等复习相关知识，准备充分可增强自信心。

③ 制定计划和目标：可将实训任务分解为小目标，并为每个目标设定时间表，制定详细的计划，包括每天或每周要完成的具体任务。

④ 深呼吸和放松技巧：当感到紧张时，尝试深呼吸来放松身体，学习一些放松技巧，如渐进性肌肉松弛或冥想。

⑤ 寻求支持：与同学、导师或同事交流，分享自己的感受和困惑；寻求他们的建议和支持，建立互助关系。

⑥ 积极心态：保持积极的心态，相信自己能够克服挑战；将实训看作是一个学习和成

长的机会，而不是一个需要完全成功的考试。

⑦ 合理安排时间：确保有足够的休息和睡眠时间，以保持身心状态良好；合理安排时间，避免在实训前过度疲劳或紧张。

⑧ 进行模拟练习：在实际操作前通过虚拟仿真实验进行模拟练习，以熟悉环境和任务，评估自己的准备情况，并发现需要改进的地方。

⑨ 注意身体健康：保持健康的饮食习惯，确保身体有足够的能量和营养；适当进行体育锻炼，以缓解压力并改善情绪。

⑩ 保持专注：在实训期间，尽量将注意力集中在当前的任务上，避免过度担忧未来或过去的事情；使用时间管理技巧来确保自己专注于重要的任务，避免分散注意力。

⑪ 自我激励：设定一些小的奖励来激励自己完成实训任务；每当完成一个目标或任务时，都给自己一些正面的反馈和鼓励。

⑫ 寻求专业帮助：如果发现自己的紧张情绪持续存在并影响到了日常生活和实训表现，可以考虑寻求专业的心理咨询或帮助。

通过以上方法，将可以逐渐克服实训期间的心理紧张，以更加自信和从容的态度面对挑战。请记住，实训只是学习过程的一部分，尽力而为，会有好的收获。

### 2.2.3 实训疲劳及其产生原因

在实训过程中，人体各系统、器官或全身生理功能和作业能力出现明显下降的状态称为疲劳。疲劳的长期积蓄会造成过度疲劳，发展为病理状态。

疲劳可视为机体的正常生理反应，起预防机体过劳的警告作用。疲劳的发生大致可分为3个阶段。

第一阶段：疲倦感轻微，操作能力不受影响或稍下降。此时浓厚兴趣、特殊刺激、个人意志等可战胜疲劳，维持工作效率，但有导致过劳的危险。

第二阶段：操作能力下降趋势明显，但仅涉及操作质量，对产量的影响不大。

第三阶段：疲倦感强烈，操作能力急剧下降或有起伏，最终感到精疲力竭、操作发生紊乱而无法继续。幸运的是，人的疲劳与金属的疲劳是不一样的，经过适当的休息是可以恢复的。

能够引起实训疲劳的原因很多，主要有：①组织和制度不合理，如实训强度过大或速度过快，不良体位或节奏单调，实训时间过长等；②环境不符合要求，如存在有毒物质及高温、高湿、噪声、振动、照明不足等；③设备和工具太差，不适合实训人员生理特点等；④实训者个体的因素，如年龄及健康状况、营养状况、技术熟练程度等，都与疲劳发生的早晚有关。

### 2.2.4 实训疲劳的有效预防

分析实训过程引起疲劳原因，采取相应防护措施，可以有效地减少或防止疲劳发生。

① 工效学调查分析：首先要进行工效学调查，调查作业环境中可能存在的不良因素，分析人在实训过程中的负荷、节奏、姿势、持续时间以及人机界面是否合理等。根据工效学基本原理，分析疲劳产生原因，有针对性地采取防护措施。

② 改善人机界面及采取正确的操作姿势：显示器和控制器的设计和使用应符合安全人机工程学有关原理。作业中要尽量避免不良的操作姿势，如在站姿或坐姿状态下实训操作，

要注意使身体各部位处于自然状态，或者工作台或座椅设计避免倾斜或过度弯曲。此外，在安全容许的情况下，可以适当变换操作姿势。

③ 避免和减少负重操作：负重是造成疲劳的重要原因之一，因此在有条件的情况下，应尽量减少负荷，如对需要负重的操作（如搬运），应当制定有关规定，将搬运物体的质量限定在安全范围之内。

④ 减少压迫和摩擦：使用合适的工具或控制器，特别是抓握部位的尺寸、外形和材料均要适合于手的特点，避免局部受力过大。对于经常产生摩擦或需要反复运动的部位，如手和手腕，可使用个人防护用品加以保护。

⑤ 实训人员的培训：根据某些实训项目的特点和要求，对实训人员进行模拟强化训练，可以有效地减少实际操作疲劳，避免事故的发生。

⑥ 合理休息：劳动过程中，随着时间延长，人们会逐渐感到疲劳。适当安排休息，可以有效地减轻疲劳程度。休息时间长短和次数，视劳动强度、工作性质和环境等方面的情况确定。

⑦ 优化实训组织：组织实训活动时，对实训人员的劳动量要适当，实训量太低起不到实训技能培训效果，实训量太高则容易引起疲劳，危害人体健康。根据各实训工序的工作量合理组织和安排各工序的轮班时间和顺序，有利于机体的适应，可以减轻疲劳，减少工伤事故的发生。

⑧ 改善环境：一方面要控制环境中的各种有害因素，另一方面要努力创造良好的实训环境，如适宜的温度、照度和色彩等，既有利于实训人员的健康，还可以提高实践教学效果。

⑨ 健康促进：开展健康教育和健康促进活动，增强学生心理素质，增强应对实训过程中不良因素的能力。

# 第二篇

# 日用陶瓷生产实训

第 3 章

# 陶瓷釉料配方设计及坯釉料制备综合实训

## 3.1 实训目的

① 加深对陶瓷坯釉料理论基础知识的理解，熟悉主要原料及加工工艺流程，熟悉坯釉料制备设备及工艺参数。

② 掌握配方设计方法、釉浆制备各工序操作规程及釉浆主要性能测试，能够熟练操作相关设备，培养学生实践动手能力。

③ 实训过程中学生理论知识与实践结合，培养学生综合运用知识发现问题、分析问题、解决问题的能力，以及设计创新能力。

④ 培养学生吃苦耐劳、艰苦奋斗，遵守纪律、团队协作等优良品质，培养合作精神和领导能力。

⑤ 塑造学生一丝不苟、精益求精、一以贯之的工匠精神。

## 3.2 陶瓷釉料配方设计与制备

### 3.2.1 釉料种类选择与釉用原料确定

每大组在透明釉、乳浊釉、结晶釉、颜色釉或其他釉中任选 1 种釉料制备作为选题，各组员分工协作，收集和查阅所选课题的相关文献资料，并展开讨论分析，确定拟用原料，制订可行的探究方案，而后由大组长将任务分配给各小组。

### 3.2.2 配方设计

(1) 确定配方的依据

原料的种类和用量都会影响产品制备过程的工艺性能及成品的品质，好的配方是制作好产品的基础。确定配方之前，首先要对所选原料的化学组成、矿物组成、工艺性能、烧结性能及其在生产过程和产品结构中所起的作用，以及原料的来源地、储量、分布、开采加工、运输成本等作全面详细的了解，同时对产品的工艺要求和性能要求也要明确，进而做出科学配方，制备出合格的釉料。

确定配方的主要依据有以下几个方面：

① 满足产品的使用要求和釉料质量标准要求

产品的外观质量、物理化学性质以及使用性能是考虑坯料、釉料组成的主要依据，即产品要达到一定的理化性能才能使用。比如骨质瓷作为高档瓷，要有一定的白度和透光度，产品的釉面效果都要达到一定要求。在配制时，还要考虑烧结性能，配方组合要在合理的烧成温度范围，保证瓷化较好，有较低的吸水率，较好的防污性能和较高的强度。

② 满足生产工艺要求

产品需经过多道工序制作而成，设计配方时必须充分考虑工艺性能，使生产操作便于进行。在拟定配方时可采用一些工厂或研究单位积累的经验和数据，这样可以节约时间，有助于提高效率。

③ 合理的经济性

设计配方时，尽可能选择来源广、价格便宜、储量丰富、质量稳定、运输方便的原料。考虑到经济性，对原料强调就地取材、量才使用、物尽其用等。

④ 人身和环境的要求

设计配方时，尽可能不用那些对人身或者环境容易造成危害的原料，如有毒的、腐蚀性强的原料。

**(2) 配方设计的常用方法**

① 借助于成功的经验及资料进行配方设计，可参照国内外配方的化学组成、实验式，通过调整原料配方来满足。

② 利用测温锥标准成分确定，可比拟低 3～4 号温锥。

③ 利用釉的组成-温度图及有效经验计算。

④ 借助三元相图和有效经验配方计算。

**(3) 确定配方的步骤**

根据釉料配方设计原则确定生产配方的具体步骤如下。

① 基本资料的收集整理及分析

a. 研究制品的性能要求和特点，确定基本的生产工艺流程。

b. 对现有的生产设备和生产条件进行分析，以便确定工艺条件、分析工艺因素、确定生产方法。

c. 考察原料，了解原料的产地、储量、质量品质、运输、价格及供应的稳定性等情况，初步确定原料。

d. 分析和测定原料的性能，主要包括化学成分、可塑性、结合性、烧结性、烧后呈色、加热过程中的变化以及环境友好性等，以确定原料的选用。

e. 根据现有的资料和经验，对今后生产可能会出现的问题有初步的认识。

② 初步配方的选择及优化

a. 在掌握一手资料的基础上，选择初步配方。首先参照前人经验，再根据原料性能，初步确定 3～5 个配方进行成型以及烧成实验。

b. 对初步配方进行对比优选，反复实验，有较理想结果后，转入到小试。

③ 配方的小试和中试

根据初步实验的情况，优选最好的配方，进行小试。成功后，再加大量进行中试。对产品性能进行测试，并确定最佳的配方组成、工艺控制参数。扩大试验后，确定生产方案及相关工艺技术参数。

④ 正式生产配方的确定

在上述实验的基础上，反复多次，其中性能优异、重复性能较好的，选为生产配方。未进行中试的配方，无特殊情况不能投入生产。

鉴于成熟的生产配方需小试、中试反复多次，时间长且需要在工厂现场进行，适合在企业具有较长时间的岗位实习时实践，本教程仅介绍初步生产配方的选择及优化。

根据资料选择初步配方，根据原料性能及影响产品性能的主要因素，设计各因素的实验水平，采用单因素法或正交设计法，设计配方及工艺。小组内进行分工，每1～2人做一个配方。列表如表3-1所示。

**表3-1 配方及分工**

| 配方号 | 高岭土 | 长石 | 石英 | …… | 学生姓名 |
|---|---|---|---|---|---|
| 1 | ……g | | | | |
| 2 | | | | | |
| 3 | | | | | |
| …… | | | | | |

### 3.2.3 实践操作及注意事项

(1) 配料

釉料配方确定后配料至关重要，要求称量设备可靠且精度合适，特别是配方中含量较少的物料，如电解质、添加剂等称量必须准确，必要时可用较精密的天平称量，并且每台天平都须定期进行校准。具体操作步骤如下：

① 检查天平是否水平；

② 天平开机，归零；

③ 准备干净称量纸；

④ 每次取用原料时勺子需擦拭干净，化工原料及难以清洁的原料配专用勺子。

⑤ 学生按照各自的配方号称量各原料，注意称量的准确性，特别是小料。

(2) 预混料（干混）

小料称量后可将其包裹于大料中，然后将所有原料采用翻滚法进行简单预混。

(3) 球磨

釉料细度不但影响釉浆质量，而且影响釉面质量。釉料越细则釉浆稠度越高，同时干燥收缩也越大，施釉后易出现裂纹。

细磨的釉料可以使各种釉用原料均匀混合，同时颗粒度小则比表面积大、反应面积大、易熔融，可降低烧成温度，提高釉面光泽度。日用陶瓷厂对釉料细度要求一般为万孔筛筛余不大于0.02%，要使釉料达到此种细度要求，有的需球磨100h甚至更长的时间。然而，由于长时间湿式球磨，会出现某些原料（如长石）中碱性成分的浸出，导致釉浆稠度出现不稳定现象，可以采用解胶剂，以增加釉浆的悬浮性。

釉浆的稠度对上釉速度和釉层厚度起着重要作用。浓度大的釉浆会使釉层加厚，而且容易出现堆釉等上釉不均匀现象。浓度太小的釉浆，在同一操作情况下，会使釉层过薄而在烧成时容易产生干釉现象。

球磨设备选用实验室常用单头快速球磨机，适用于试验用高效粉磨和混合。该机采用了上加窗护盖结构，护盖未封盖时机器便不工作，使用安全；采用了数显时间继电器控制，操作方便；结构紧凑，运转平稳，工作效率高，球磨粒度均匀。

单头快速球磨机的工作原理：将需加工的物料放入球磨罐内加盖，置在托盘上，拧紧压盖螺杆。工作时托盘高速转动加摆动，带动球磨罐高速转动加摆动运动，在这种运动下，球磨罐内的研磨球在惯性力的作用下对物料形成很大的高频率冲击、摩擦，对物料进行快速研磨。

该机能采用湿法或干法的形式对物料进行超细研磨或混合。工作时，对快速球磨机进行预设时间工作。把工作时间预设为5min，快速球磨机工作到5min时将自动停止工作。如不用达到预设时间，使用者按停红色的停止开关，就能将快速球磨机停止运作。

单头快速球磨具体操作步骤及工艺参数如下。

① 检查球磨罐盖子上的密封圈是否完好，若有破损应及时更换，更换后才能使用。

② 将原料、球石和水按一定比例加入球磨罐中，盖好盖子。

③ 检查球磨机托盘上的橡胶垫是否完好，若有破损须及时更换，换好后才能使用。

④ 将球磨罐置于托盘上，球磨罐盖子上须垫上一刚性金属垫片（以防压坏球磨罐用尼龙盖子），拧紧压盖螺钉，合上护盖，扣上搭扣。

⑤ 接通电源，设定球磨时长，按下绿色按键，启动球磨机开始工作。（球磨机启动后，必须保证有人时刻关注球磨机的工作状态，以确保压盖螺钉松动时能及时处理，以免造成浆料甩出乃至球磨罐破碎等不良后果。）

⑥ 球磨机工作至预设时长后便会自动停止工作，松开搭扣，开启护盖，松开压盖螺钉，取出球磨罐。

⑦ 将罐中打好的浆料倒出，洗净球石及球磨罐。

**（4）釉浆性能测试**

将打好的釉浆进行除铁、过筛（250目）处理，进行相对黏度和比重测试。

① 相对黏度的测定

以恩氏黏度计法采用台式涂4杯（如图3-1所示）测定釉浆的流动性，具体操作步骤如下。

第一步，将洗净并擦干后的杯体放入铁圈中，调节底部螺钉，使铁圈处于水平状态。

第二步，将搅拌均匀、脱泡后的釉浆倒入涂4杯中，用锯条（无齿一侧）或其它至少一面平整的刚性物件紧贴杯口沿两侧刮抹，有余浆流入溢流槽中，表明涂4杯已被充满（充满时，体积为100mL），随即按下秒表开始计时，让浆料在杯中静置30s。

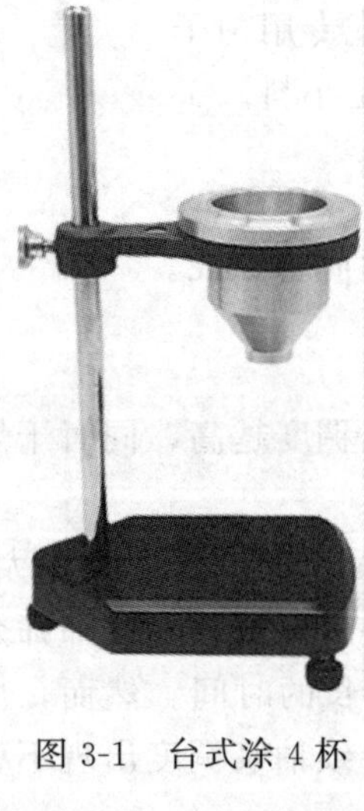

图3-1 台式涂4杯

第三步，静置完毕后，旋即放浆，同时掐表计时，记录浆料流出时间。

做三个平行试验，取平均值作为100mL釉浆静置30s后的流出时间。

用上述方法测定100mL水（无需静置30s）的流出时间，做三个平行试验，取平均值。

最后计算釉浆的相对黏度

$$B=\frac{C_s}{W_s} \tag{3-1}$$

式中，$B$——相对黏度；$C_s$——静置30s后100mL釉浆的流出时间的均值，s；$W_s$——100mL水的流出时间的均值，s。

② 密度的测定

以比重瓶法采用金属比重瓶（如图3-2所示）测定釉浆的密度，具体操作步骤如下。

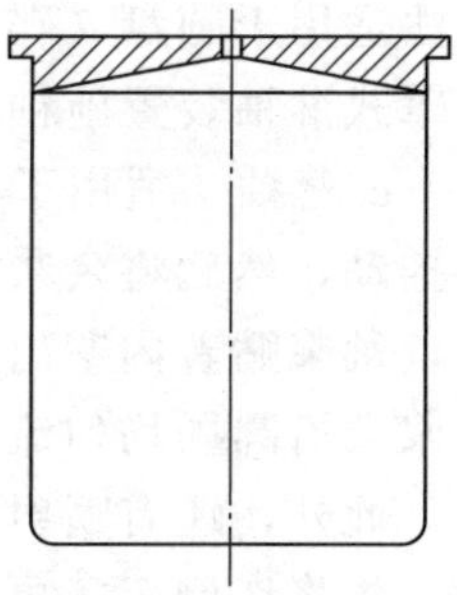

图3-2 100mL金属比重瓶

第一步，称量洗净并擦干的100mL金属比重瓶的净重，记为$m_0$。

第二步，将水加入比重瓶中，直至有水从比重瓶瓶盖的中心孔溢出（表明比重瓶已被充满），用湿润过的布擦去溢出的水，然后称重，记为$m_1$。

第三步，将瓶中的水倒出，甩干，用布擦干瓶身及瓶盖。

第四步，将釉浆加入比重瓶中，直至有浆料从比重瓶瓶盖的中心孔溢出，用湿润过的布擦去溢出的浆料，然后称重，记为$m_2$。

最后，按式（3-2）计算釉浆的密度。

$$\text{密度}=\frac{m_2-m_0}{m_1-m_0} \tag{3-2}$$

（5）施釉工艺

施釉是陶瓷工艺中不可缺少的一项工艺，陶瓷产品一般在生坯上施釉、一次烧成，或在素坯上施釉、二次烧成。

① 表面清洁

施釉前，将试釉用坯体进行干修并刻上试样编号，然后进行表面的清洁处理，除去积存的灰尘和污垢，以保证釉的良好黏附。清洁的办法一是采用压缩空气在通风柜内进行吹扫；二是洗水（抹水、捺水），即用特制的毛笔或海绵蘸水洗抹，要求全面洗抹。对于某些形状弯曲很大的制品或壶杯的嘴柄转弯处，要稍微多抹一点水，以减弱该处的吸釉能力，防止因局部釉层过厚而产生剥釉或压釉等缺陷。然后干燥至所需含水率。

② 施釉

施釉需根据不同产品及要求选用不同的施釉方法，常用的施釉方法如下。

a. 浸釉法　浸釉又称蘸釉，是将坯体浸入釉浆中，利用坯体的吸水性使釉浆均匀地黏附于坯体表面。釉层厚度视坯的吸水性、釉浆浓度和浸釉时间而定。对烧结坯体釉层厚度除釉浆的流动性外，还受素坯从釉浆中取出的速度影响。这种施釉法所用釉浆浓度较喷釉法大。浸釉法普遍用于日用陶瓷器皿如碗、杯、壶、罐、瓶等制品施外釉，鱼盘、盅羹等异形制品也可用此法一次性施内外釉。釉浆密度一般为 $1.3\sim1.6g/cm^3$。

浸釉法要求生坯具备一定的强度或采用素烧坯，否则坯体容易浸散破裂。操作时要求手法熟练，速度均一，并需定时搅动釉浆，以确保釉层厚度的一致。

b. 淋釉法　又称为浇釉法，是将釉浆浇到坯体上，使釉浆均匀地布满坯体的表面。浇釉法又分手工浇釉和机轮浇釉两种。陶瓷大缸和瓷器大件制品适用手工浇釉，盘碟制品的内外釉和碗类制品的内釉一般采用机轮浇釉。

机轮浇釉又称旋釉，先将坯体置于旋转的辘轳车上，再用排笔或鸡头笔拉水。然后把适量的釉浆分两次倾入坯体的中心，借助离心力作用，使釉浆从坯体中心向周围散开而均匀地布满坯体表面。施釉的厚度可通过调节釉浆的浓度和机轮的转速来控制，而机轮的转速要按坯体的大小和形状来确定。釉浆密度一般为 $1.5\sim1.9g/cm^3$，机轮转速一般为 240～500r/min。此法适用于圆盘、碟、碗类或坯体强度较差等不能用浸釉法施釉的产品，其中建筑瓷常采用钟罩式淋釉装置施釉。

c. 荡釉　适用于中空器物如壶、罐、瓶等内腔施釉。方法是将釉浆注入器物内，左右上下摇动，然后将余浆倒出。倒出多余釉浆时很有讲究，因为釉浆从一边倒出，则釉层厚薄不匀，釉浆贴着内壁出口的一边釉层特厚，这样会引起缺陷。有经验的操作倒余浆时动作快，釉浆会沿圆周均匀流出。

此外，还有喷射法施釉，又称皮球压釉。此法多用于杯类和小型壶罐制品施内釉。操作时，先将坯倒置，再将存有釉浆的橡胶球压下，使釉浆呈喷泉状喷射于坯体的内表面。然后将坯体甩动，把余釉沥干。釉的浓度一般为 $1.3\sim1.5g/cm^3$。

对内外表面分别施釉的坯体，应先施内釉，等到内釉干燥后方可施外釉。

d. 涂刷釉　涂刷法是用毛刷或毛笔浸釉涂刷在坯体表面。此法适用于施复色釉或特厚釉层以及补釉操作，釉浆密度可以很大。刷釉时常用雕空的样板覆盖在坯体上进行涂刷，便于较准确控制施釉范围。样板可用塑料或橡皮雕制，以便适应制品的不同曲面。曲面复杂面要求特殊的制品，必须用毛笔蘸釉涂于制品上。同一制品上要施不同颜色釉时，涂釉法是比较方便的，因为涂釉法可以满足制品上不同位置需要不同厚度的釉层要求。

e. 喷釉　喷釉是利用喷枪或喷雾器将釉浆喷成雾滴使之黏附坯上。喷釉时转动坯体以保证釉层厚薄均匀。坯与枪的距离、喷釉压力、釉浆密度决定着釉层厚薄，此法适用于大型、薄壁或形状复杂的生坯。

③ 取釉

为便于制品的装烧，施釉后的坯体要进行取釉。施釉时用海绵蘸水擦去足部的釉浆，或在施釉前将坯体的足部沾蜡，以避免足部黏釉。采取海绵蘸水擦足釉的，应将釉浆擦净，以免制品在烧成中黏足。

采取机轮取釉的，应按制品的大小确定机轮的转速，其转速范围一般为 240～400r/min。坯体的含水率一般为 5%～7%。操作时，将坯体平衡地倒放于机轮上，用专制的金属刀具把足部切削成圆弧面，要求平整光滑，以防制品在烧成中变形。

### （6）干燥

将施釉后的样品置于承坯用垫片上，放入烘箱或烘房中于一定温度下进行干燥。

### （7）烧成

烧成设备可用高温电阻炉，需气氛烧成的釉，可选用气烧窑。

样品装炉前，先检查硅碳棒和接线线路的老化情况，再检查炉内棚板上防粘高温耐火材料的撒布情况。情况良好，便可将样品装入炉膛内，并记录好样品各自所处的炉位。试样装好后，务必塞上炉门挡火砖，合上炉门并锁紧。然后接通电源。

结合釉种、釉式和釉用原料的组成及用量，拟定合理的温度制度，然后进行烧制过程程序设置（参照电炉操作说明书），程序设置完毕后，即可启动程控烧制。

（8）样品观测

| 配方编号 | 釉面性状 | 成因分析 |
| --- | --- | --- |
| 1# | | |
| 2# | | |
| 3# | | |
| …… | | |

### 3.2.4 结果分析讨论

根据烧成样品的观测结果，小组分析讨论各因素对性能的影响规律，确定最佳的配方组成、工艺控制参数，各自完成实习日志和实习报告中的相应内容。

### 3.2.5 考核评价

此工序总分10分，分以下四项评分。运用所学知识设计釉料配方2分，根据配方的合理程度给分；按照配方进行坯釉料的制备实践5分，根据实践操作的准确性及熟练程度打分；烧成样品评价2分，根据烧成样品的质量进行评分，组织纪律（安全、卫生、考勤等）1分，根据学生具体表现评分。

组长评价10分，根据组长能否组织、协调好全组成员做好安全、卫生、纪律等工作，全组成员整体表现情况进行评分。

## 3.3 原料采矿及坯釉料制备技术综合实训

### 3.3.1 黏土矿物形成过程及采矿技术虚拟仿真实训

传统陶瓷生产一般以各种天然矿物作为主要原料，主要矿物原料有黏土、石英、长石等。天然矿物原料的开采加工往往是在矿区或专门的原料企业完成。加工技术对于原料的质量影响很大，如混入（或共生）的各种杂质直接降低了原料的品位，原料的颗粒分布会直接影响制品的性能及外观质量。因此学生有必要学习了解原料粉碎、精选、分离、提纯、除去各种杂质（含铁杂质）等加工过程。

由于开采矿区一般距离远、交通不便、耗时长、成本高、学生实习住宿不方便，且具有一定的危险性，学生直接去矿区工程实践存在较大困难，因此以黏土矿物为例，开发了相关的虚拟仿真实验项目。

(1) 传统陶瓷黏土矿物形成过程及加热变化虚拟仿真实验

仿真实验
操作手册

黏土矿物是传统陶瓷行业必不可少的矿物原料。通过虚拟仿真技术模拟黏土矿物的生成环境、形成过程，使黏土矿物的形成过程“缩短”，并放大微观世界，呈现黏土在加热过程中的物相变化及状态，展现不可视的结构或变化原理，从而达到以虚补实、以虚验实、以虚展实、以虚代实的教学效果。

(2) 传统陶瓷用黏土原料处理加工虚拟仿真实验

黏土原矿的处理加工具有消耗大、周期长等特点，且在生产过程中粉尘、噪音大，环境差，学生实习有一定的危险性。建设“黏土陶瓷原矿处理”虚拟仿真实验，就可以基本实现上述实验项目。在课堂基础理论教学上，利用专业的仿真软件，采用多媒体技术，依托网络通信平台，构建具有高度真实感、直观性和精确性的虚拟仿真实验教学。理论和实验教学中抽象的、看不到的内容可以用虚拟仿真技术来呈现，可以极大地提高学生学习兴趣，同时也尽可能减少实验成本和潜在危害。同时，通过该虚拟仿真实验的授课，可以让学生提升民族自信心和精益求精的“工匠精神”。虚拟仿真实验在知识传授和能力培养过程中“无痕”地融入思政教育，凸显课程价值引导功能，从而实现知识传授、能力培养和价值塑造三位一体的教学目标，对培养社会主义“新工科”人才具有十分重要的意义。

仿真实验
操作手册

### 3.3.2 坯釉料制备主要工序操作实训

日用瓷的坯用料通常包括注浆用的浆料和可塑法成型用的塑性泥料两种。浆料制备主要包括球磨、筛分与除铁等工序；可塑泥料的制备还包括了压滤、陈腐、真空练泥等主要工序。釉料的制备工序与坯用浆料的制备工序类同。

(1) 泥浆的制备

浆料制备常用的是球磨工艺，所用设备为球磨机，是陶瓷工厂广泛使用的细碎设备，用它细磨坯料或釉料，能起到良好的研磨与混合作用。

日用陶瓷工业中普遍采用的是间歇式、湿法球磨，湿法球磨时因为水分对原料颗粒表面的裂缝有劈尖作用，能防止原料结团，因此，粉碎效率比干法球磨高，制备的泥浆质量好，有利于提高除铁效率，没有粉尘飞扬等缺点。

球磨操作详见“8.3.1 原料球磨”。

(2) 泥浆的筛分与除铁

筛分是将浆料通过具有一定大小孔径的筛面上进行振动或摇动，不符合要求的粗颗粒留在筛面上不通过。筛分限制了浆料中颗粒的大小，保证了工艺性能，有利于提高产品质量。

坯釉料中混有铁质会降低制品的外观质量，如白度与半透明性，产生斑点等。因此除铁是坯釉料制备的一道重要工序。浆料中的含铁杂质则可用磁铁分离器进行磁选。磁选机是自动、连续作业，无需工人手工操作。

筛分设备及操作详见“8.3.2 过筛除铁”。

（3）泥浆过滤脱水

塑性泥料通过泥浆过滤脱水后制得，日用陶瓷厂一般采用液压箱式压滤机。

液压厢式压滤机由交替排列的滤板和滤框构成滤室。滤板的表面有沟槽，其凸出部位用以支撑滤布。滤框和滤板的边角上有通孔，组装后构成完整的通道，能通入浆料和引出滤液。工作时，浆料被压入滤室，在滤布上形成滤饼，直至充满滤室。滤液穿过滤布并沿滤板沟槽流至板框边角通道，最终排出。过滤完毕后，卸除滤饼并清洗滤布，重新开始下一工作循环。液压箱式压滤机结构如图 3-3 所示。

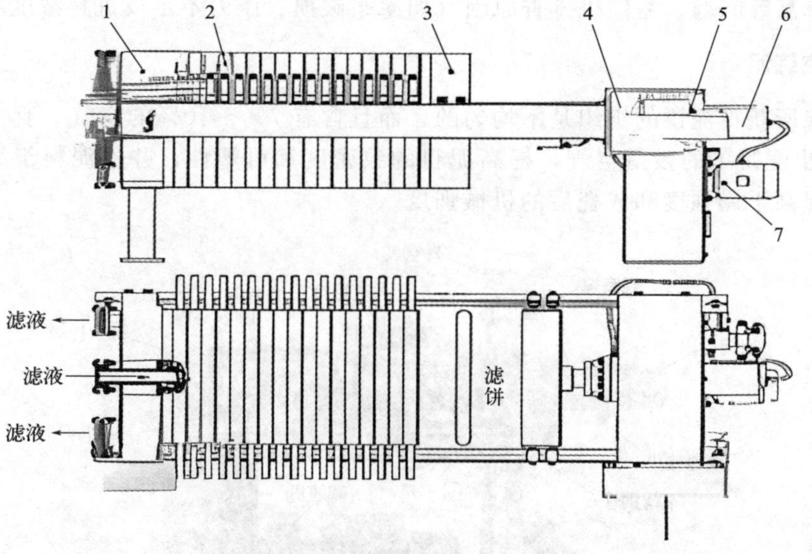


图 3-3　液压箱式压滤机结构

1—止推板；2—滤板；3—压紧板；4—电控系统；5—横梁；6—液压缸；7—液压系统

液压厢式压滤机的操作步骤一般分为准备、压滤、卸料和清洗几个阶段，以下是详细操作流程。

① 操作前准备。检查设备状态，确认滤板、滤布完好无损，无破损或堵塞；检查液压系统（油位、管路）、电气控制系统是否正常；清理滤板表面残留物，确保密封面清洁。

② 安装滤布。将滤布平整铺设在滤板表面，确保无褶皱，滤布孔与滤板孔对齐。

③ 压紧滤板。启动液压系统，缓慢压紧滤板至设定压力（通常为 0.8～1.5MPa，也有高达 2MPa 或更高），确保滤板间密封性。关闭液压系统保压，检查滤板是否对齐、有无错位。

④ 进料过滤。开启进料泵，将待处理物料（如污泥、悬浮液）缓慢泵入压滤机。初始阶段低压进料（避免冲击滤布），逐渐加压至额定工作压力。观察出液口滤液是否澄清，若浑浊需检查滤布是否破损或密封不良。

⑤ 保压过滤。当进料压力达到设定值后，保持压力直至滤液流量显著减少（表示滤室已充满滤饼）；关闭进料泵，停止进料。

⑥ 泄压松板。水分停止滤出后，泄放液压系统压力，松开滤板。

⑦ 卸除滤饼。依次拉开滤板，用工具（如铲板）轻轻剥离滤饼，收集至指定区域。注

意避免滤板碰撞或跌落。

⑧ 清洗设备。冲洗滤布和滤板，清除残留滤渣，防止堵塞。检查滤布是否需要更换，破损滤布及时处理。

操作注意事项：a. 压紧或松开滤板时，严禁将手伸入滤板间。b. 泄压完成前禁止操作，防止高压液体喷溅。c. 控制进料压力不超过设备额定值，避免滤板变形或爆板。d. 记录过滤时间、压力、滤液状态等数据，优化后续操作。e. 定期检查液压油、滤布和密封件，及时更换老化部件。f. 长期停用需彻底清洗设备并保持干燥。

通过规范操作和定期维护，可提高压滤机效率并延长使用寿命。若出现漏液、压力异常或滤饼含水率高等问题，需停机排查原因（如滤布破损、压力不足或进料浓度不当等）。

**（4）真空练泥**

经过压滤所获得泥饼的组织是不均匀的，而且含有7%～10%的空气。真空练泥机（图3-4）可以排出泥饼中的残留空气，提高泥料的致密度和可塑性，并使泥料组织均匀，改善成型性能，提高干燥强度和成瓷后的机械强度。

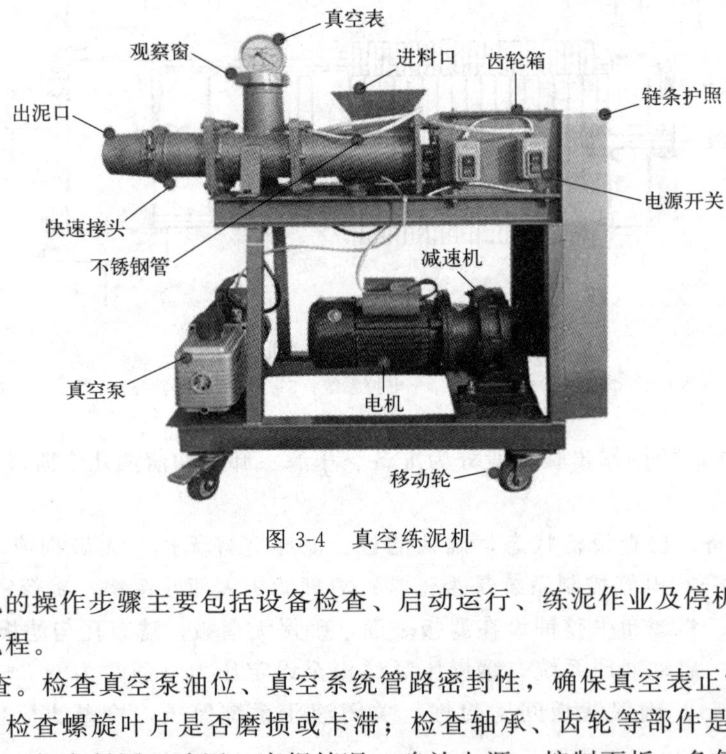


图 3-4　真空练泥机

真空练泥机的操作步骤主要包括设备检查、启动运行、练泥作业及停机清理等阶段，以下为详细操作流程。

① 设备检查。检查真空泵油位、真空系统管路密封性，确保真空表正常，无漏气现象；清除残留泥块，检查螺旋叶片是否磨损或卡滞；检查轴承、齿轮等部件是否需要加注润滑脂，检查易损件（如密封圈、滤网）磨损情况；确认电源、控制面板、急停开关功能正常。

② 开启总电源，启动螺旋输送电机，空载运行1～2min，确认无异常振动或异响。

③ 投料操作。将泥料缓慢、均匀连续投入进料口，避免过量导致螺旋轴过载。

④ 待泥料到达出口位置，充满整个螺旋挤出通道时，启动真空泵，观察真空状态，真空表是否达到设定值（通常为−0.06～−0.09MPa），确保泥料在真空环境下被挤压，空气通过真空泵排出。

⑤ 将前期出泥口出来的、没有真空练泥的料，返回进料口重新真空练制。

⑥ 通过控制螺旋轴转速或出泥口挡板，调整泥条输出速度；观察出泥条是否致密均匀，

无气泡或裂纹，必要时调整真空度或投料量。如泥料不均匀，需将泥料再次投入到进料口，二次练泥。

⑦ 泥条检查合格后即为成品泥料，切割成合适的长度，包装陈腐待用。

⑧ 完成所需的炼制泥段后，停止投料，关闭真空泵，待泥料排空后关闭螺旋输送电机。

⑨ 拆卸机器外套，用工具清除内部残留泥料，用水冲洗或湿抹布擦拭干净；用干布擦拭表面水分，避免水汽腐蚀。

⑩ 安装好机器外套，备下次练泥使用。

如短时间内还需炼制相同泥料，第⑧步的泥料不需排空，保留泥料直接关闭螺旋输送电机；第⑨～⑩步不需操作，用保鲜膜密封好投料口、出料口及抽真空处，做好机器内部泥料的密封保湿。下次练泥时直接开启真空泵和螺旋电机，投料练泥即可。

安全操作注意事项：a. 运行中禁止将手伸入进料口或出泥口。b. 真空泵运行时严禁突然断电，避免真空罐倒吸损坏设备。c. 真空度不足时，检查管路漏气或滤网堵塞；泥料过干可能导致真空失效，需调整含水率。d. 螺旋轴卡顿时立即停机，排除异物或泥块后再重启。e. 若长期停用，需彻底清洁并涂抹防锈油保护关键部件。

### 3.3.3 考核评价

此工序总分 10 分，分以下四项评分。传统陶瓷黏土矿物的形成过程及加热变化虚拟仿真实验 2 分，软件系统根据完成质量直接评分；传统陶瓷用黏土原料处理加工虚拟仿真实验 2 分，软件系统根据完成质量直接评分；坯釉料制备操作实践 5 分，根据各工序操作工艺参数控制的准确性和熟练程度进行评分；组织纪律（安全、卫生、考勤等）1 分，根据学生具体表现评分。

组长评价 10 分，根据组长能否组织、协调好全组成员做好安全、卫生、纪律等工作，全组成员整体表现情况进行评分。

# 第 4 章

# 石膏模具的制备

## 4.1 实训目的

① 认识陶瓷模具对陶瓷生产的重要性。
② 了解生产陶瓷模具的原料（含辅助材料）种类及性能。
③ 熟悉生产陶瓷模具的主要设备操作及辅助工具的使用。
④ 掌握生产陶瓷模具中主要工艺参数的控制与检测。
⑤ 制备合格的陶瓷模具（模种及工作模）。

## 4.2 制作工具及材料

### 4.2.1 设备

车模机（图 4-1）是陶瓷模种成型的机械，基本原理类似于拉坯机，通过轮盘的旋转带动其上附着的石膏柱也同轴转动。可以用车模刀具进行车削和整修，以便制作同心圆体模种。

模种制造对车模机的要求：要具有较高的同心度，一般同心度误差不大于 0.05mm；稳定性好，能承受较大的负荷；最高转速一般不超过 500 转/分，最好能加无级变速装置，可以自由调节转速；要求刹车机构灵活；车模机轮头不允许松动。

图 4-1　立式车模机

### 4.2.2 工具

(1) 刀具

陶瓷模种制造常用的刀具有：三角刀、三棱刀、锯齿刮刀、刮刀、切刀、铲刀、钢片刀、打榫刀、什锦刀（用旧什锦锉制成的各种小型刀具）、竹片刀等十余种。有时还要根据模种的需要，临时磨、锉一些异形刀具。

三角刀是车削原始模种的主要刀具。分粗车刀、精车刀和异形刀。三角刀材料一般用 4～5mm 的 $45^{\#}$、$50^{\#}$ 钢切割成 50～60mm 的等边三角形，并与 $\phi 8$～10mm 的圆钢焊接制成，后面装一木制刀柄。

陶瓷模具制造对刀的要求：刀具一般要求开成≤45°角；刀刃线要保持成直线（异形刀具例外），每个角要保持锋利；刀口面要锉平，不许成“鲤鱼背”形；刀具要有足够的硬度和韧性，一般要求淬火；刀杆与刀柄连接要求牢固。

（2）辅助用具

模种制造常用的工具及辅助用具有：木锤、钉锤、粗平锉、细平锉、半圆锉、三角锉、钢丝刷、锯弓、木工锯、浆桶、油毛毡（塑料板）、毛刷、托笔、铁筒笔、毛笔等。

常用量具有：内外卡钳（6″、12″各一副）、三角板、圆规、量筒（250mL、500mL、2500mL 各一只）、量角器、钢皮尺（15 厘米、30 厘米各一把）、钢卷尺、台秤等。

### 4.2.3 材料

主要材料为石膏，要求为过 100～120 目筛的新石膏。辅材为：脱模剂（钠皂液或钾皂液）、混合油剂（煤油：菜油＝1：1.5）、虫胶漆（虫胶：酒精＝1：4～5）。

目前陶瓷厂石膏模通常用的石膏粉为α-半水石膏粉和β-半水石膏粉，它们一般用石膏石（二水合硫酸钙，化学式为 $CaSO_4 \cdot 2H_2O$，白色或浅色，硬度 1.5～2，密度 2.3～2.37g/cm$^3$，微溶于水）经不同方式炒制而得。半水石膏在常温下与水充分混合后，起初会形成一定流动度的浆体，随着半水石膏与水反应生成二水石膏，然后流动能力会逐步消失，但仍有一定可塑性，最后硬化成二水石膏，即成结实的固体，这一过程叫作石膏的水化凝结与硬化。

## 4.3 石膏模种制作

模型和模具的制作是一种体力和脑力相结合的创作活动，要求制作者有一个良好的作风，不怕累、不怕脏、胆大心细。

制作石膏模种一般根据不同造型采取不同的方法。对称圆形形体使用车制的方法，自由形体一般采用浇注后手工削制的方法或者车制后再削制的复合方法。

在模种制作图设计以及制作前，需考虑干燥、烧成收缩及加工余量，以免烧成后的制品小于设计尺寸。种模的尺寸要按坯料的收缩率进行放尺，通常同一模型各方向尺寸只考虑同一放尺率。设种模放尺后实际尺寸为 $L$（以 mm 计），陶瓷制品的实际尺寸为 $L_0$（以 mm 计），坯料的总收缩率为 $S$（以小数计），则它们三者的关系式为：$L=L_0/(1-S)$。例如高桶杯的口部实物尺寸为 90mm，坯料的总收缩为 10.8%，则种模口部直径 $L$ 就为 100.89mm。设计种模和母模时，还应考虑到工作模型的壁厚和底厚。如旋压用模型壁厚约 15～25mm，滚压成型用模型则约比旋压增厚 10mm，注浆模型的壁厚为 30～40mm。

下面以同心圆造型模种为例，说明车制方法和步骤。

### 4.3.1 石膏浆调制

调制石膏浆时应注意，一定要按先水后石膏的顺序调制，具体步骤如下。

① 根据石膏模具所需的体积在桶内备好适量的水；

② 按照水与石膏的比例称量石膏粉，水与石膏比例为：车制用石膏浆 1：1.2～1.4，削

制用石膏浆 1∶1.2 左右；模具翻制用石膏浆 1∶(1.25～2.0)，如果翻制的是注浆用模具石膏用量少些，滚压成型用量适当多些，塑压成型因强度要求高，石膏用量比例最大；

③ 将石膏粉均匀地撒入桶内水中，速度不宜过快，撒粉直到石膏粉冒出水面，不再自然吸水沉陷方可止；

④ 稍等片刻，均匀搅拌，速度不能太快，以免引入气泡；

⑤ 搅拌过程中注意挑除石膏浆里的硬块和杂质；

⑥ 最后形成均匀黏稠的糊状即可。

调制石膏浆时，还应注意水温对石膏浆的凝结速度、模型强度以及膨胀率都有影响，尤其是对凝结速度的影响较大，如其他参数固定使用 20℃的水比使用 8℃的水石膏浆的初凝时间缩短 1/3 以上。有的工厂要求石膏浆的温度为 15℃。

### 4.3.2 制作石膏柱

① 准备好工具、水和石膏，用夹子或钉子把制作图固定在机架上，把车模机和三角爪轮盘清理干净；

② 将造型高度、轮盘高度及加工余量相加，得出裁剪的油毡（塑料板）高度，用工具裁割油毡（塑料板），尽可能保持油毡（塑料板）的平直，为了更容易使用，可预先把裁割好的油毡（塑料板）进行卷曲；

③ 用黏土填充轮盘下和三个支臂之间的空隙，表面尽可能平滑，外缘尽可能制作成以轮盘轴心为圆心的圆形；

④ 根据造型直径及加工余量围好事先备好的油毡（塑料板），尽量保证油毡（塑料板）垂直于台面，油毡（塑料板）注意包扎牢固及周边密封，以防漏浆；

⑤ 根据造型高度及加工余量在油毡（塑料板）内壁标示出浇注石膏的高度；

⑥ 将调制好的石膏浆缓缓注入油毡（塑料板）桶内空腔至高度标识处；

⑦ 及时清洗石膏浆桶，以免残余石膏浆凝固在桶内壁；

⑧ 等待石膏浆凝固到一定强度，拆除油毡（塑料板）；

⑨ 尽快准备车削操作。

### 4.3.3 基准及选择

选用模种上的一些面、线、点来确定造型其它面、线、点的位置，选用的这些面、线、点叫做基准。下面介绍模种制造中几个主要基准的选择。

模种型芯或底模在车模机上进行车削或修改时，必须选择好立体形上一个面和一条线来定位，这个面或线叫定位基准面或定位基准线，简称基面或基线。在模种车削过程中，正确选择基面和基线，与制造精度及效率有很大关系。如车削壶类、瓶类、糖缸、奶缸等器皿以及修改碗、盘、杯、碟等。

型芯基线或基面的选择：a. 把有肩器皿的肩面或弧面作为定位基面。有转折的棱或无转折的轮廓线为定位基线；b. 无肩器皿的口沿线作为定位基线；c. 瓶类器皿的腹上部作为定位基面；d. 将阳模假边凹弧面作为定位基面。

修改模种的定位基准选择：

① 平行度差的底模选第一台阶面。即工作模对应面做基面，此面变形的可能性小些。而且，直径是整个台阶面中最小的面。

② 平行度好的底模，选第一台阶或第二台阶对应底面的宽做基面，以形面口线或足线作定位基线。

③ 修改口径尺寸或子口深等型芯，选足线或腹下形面做基线和基面。

④ 修改壶类或类似型芯，选择的基面同定位基面① 或② 相同。

### 4.3.4 模种车制操作

#### （1）车削刀具的稳固操作

车制时双腿分开站立以稳定身体。为了握稳刀具，必须借助稳定杆和身体的力量。一般把稳定杆一端顶在右肩，另一端顶在车模机固定板的适当位置。左手在前紧握刀具前端及稳定杆，右手在后稳定刀具刀柄，车削时刀具接触石膏柱。

车模机的爪盘是逆时针方向旋转的，所以刀具一般在石膏柱的右侧。在车削过程中，要紧握刀柄和稳定杆，同时肩部也要顶紧稳定杆，这样才会减少跳刀和打抖现象。

#### （2）走刀操作

走刀操作方法主要有如下几种。

① 纵走刀，是车外圆的主要切削方法。根据石膏柱的硬度、直径、加工余量以及车速，选择一定的吃刀深度。操作时除手、肩、腋下要握紧、顶牢、夹住刀柄和稳定杆外，应从石膏柱外表面切线方向进刀，从上而下做匀速移动。走刀量也是根据石膏柱的硬度、直径等选择。纵走刀作匀速移动时，身体站正，双脚分开一定距离，双膝逐渐匀速弯曲作马步蹲式，同时要保持用力均匀，以保证刀刃做匀速直线运动。纵走刀一般粗车用刀尖，精车用刀刃。

② 横走刀，多在车削端面采用。进刀时一般从圆心进刀，借助离心力的作用向外车削，既省力又提高了效率，也可从外圆往中心车削。操作时两脚分开，身体重心自左向右或自右向左移动。如车削面积较大时，还应站成半躬步。用力均匀，保证刀刃或刀尖作水平匀速移动。

③ 弧面走刀，根据器皿形状的特定要求，刀具按一定角度进刀车削。即根据石膏柱的加工余量多少，变换吃刀量和走刀量，一般由切削量多的部位进刀，吃刀量及走刀量由深渐浅，由快变慢。弧面走刀一般粗车用刀尖车削，精车用刀刃车削（小四弧面用异形刀具车削）。

④ 车沟槽，一般用粗车刀或异形刀具。如车锯割沟槽用粗车刀，车壶子口用异形刀具，有时根据产品大小和形状临时锉刀。车沟槽时要特别细心，应取全弓步姿势车削。

#### （3）车削步骤

石膏柱浇注好后，接下来就要进行车削，那么从什么面开始车削呢？这是一个车削步骤问题。如果车削步骤选择不当，容易车出废品。正确选择器皿的车削步骤，必须掌握选择车削步骤的原则。

车削步骤的原则：

① 陶瓷模种车削，原则上先车出雏形，以便看立体形的形式效果，以决定尺寸和形面的加减；一般留 4～5mm 的加工余量。按车削工艺要求分粗车和精车，依常规是一开始就进行器皿整个表面粗车，只有待器形基本形体车好后才进行精车，粗车后必须留出精车的加工余量，一般为 1.5～2.5mm。

② 按立体形选用的工作模结构来选择。一般说来，立体形采用二合模、多合模、复合模的按正视图正立车削；选用整体模、双套模的按正视图倒立车削。

③ 按器皿形状来选择。一般转折较多，腹部直径大的，首先车出直径等于腹径的圆柱体，然后车端面，测定全高车漕沟（这里的沟槽指标记沟槽，一般为 1～2mm 深），最后车口部、底足。对无转折的器皿，先定口部尺寸，然后定全高、足径及足高。有肩器皿在定出最大直径后，必须先车出肩高及肩面，才能定全高。

④ 日用器皿的内口径、子口以及内底同足一般留在最后车削。

选择车削步骤的原则，可以作为选择车削步骤的一个依据，但在实际工作中必须根据具体情况灵活应用。

### 4.3.5 模型打磨

细部处理后应该使用耐水砂纸进行打磨，砂纸的标号应该在 200 以上。应先用标号较小的粗砂纸蘸水打磨，再用标号大的细砂纸做最后整理。整个工作应该在车模车上边旋转边完成。

打磨工作完成后，按图纸进行检验，确认无误后，用钢锯将模型平行切下。一般可开动车模机镟切。

及时清理车模机台面、刀具等，把废石膏清理干净，放在指定的位置。

## 4.4 工作模翻制

按照模种的形状及大小，确定石膏模为单模，双开模，三开模以及多开模。开模形式可分为上下开模、左右开模及复合开模等。下面以同心圆造型模种翻石膏模具为例，说明上下开模的石膏模具翻制方法和步骤。

### 4.4.1 材料和工具准备

① 根据翻制石膏模具的体积大小，准备好水、石膏；水和石膏的比例参考 4.3.1 节；

② 根据石膏模具的大小和形状，裁剪合适大小的油毡（塑料板），尽可能保持油毡（塑料板）的平直，为了更容易使用，可预先把裁割好的油毡（塑料板）进行卷曲；

③ 备好脱模剂、缓凝剂、可塑泥料、刮刀、锯条、笔、毛刷等材料和工具。

### 4.4.2 石膏模具翻制

① 根据模种造型，在造型的最大直径部位画出分模线，分模线平行于平台放置好模种，不能歪斜；

② 埋种：在分模线以下填塞可塑泥料，做成与模种表面密封的圆形泥台。泥台的直径与翻制的石膏模具直径一致，泥台高度在分模线以下 1mm 左右；

③ 用刀具将泥台表面修平整，注意不要损伤模种；

④ 在石膏模种表面均匀涂抹脱模剂；

⑤ 围好油毡（塑料板），填好缝隙注意密封，以防石膏浆泄漏；

⑥ 按照 4.3.1 中的方法，调制好石膏浆；

⑦ 将石膏浆注入油毡（塑料板）围腔内，注意高度，一般应该在最高点以上3～5cm；

⑧ 及时清洗石膏浆桶，以免残余石膏浆凝固在桶内壁；

⑨ 等待石膏浆凝固到一定强度，拆除油毡（塑料板）；

⑩ 将泥台清理干净，修整成型后的石膏模具（开牙口、倒边、平整表面）；

⑪ 按照前述④～⑩步骤，浇注翻制另一块石膏模具；

⑫ 石膏模块发热硬化后，轻轻分开两个模块取出模种，再次检查修整模具，完成石膏模具的翻制。

在翻制石膏模具时注意浇注时间和脱模时间需控制。从石膏粉倒入水中开始，到石膏浆进入塑性状态这一时间称之为初凝时间；从这同一时间开始，到石膏浆进入硬化状态所经历的时间称之为终凝时间，浇注石膏模具必须在初凝时间之内结束，否则石膏浆不能充满整个外围空间，流动良好的石膏浆，凝结不致太快，石膏模表面光滑，石膏浆经5～8min后便会开始凝固，这时它又变成二水石膏，此过程为放热反应，石膏模表面温度逐渐提高，脱去母模的时间应在终凝时间之后，此时石膏浆硬化，才能得到完整无缺的石膏模具，但不能过多地超出终凝时间，否则石膏完全硬化所产生的体积膨胀将造成无法脱去母模。

操作视频：模种的制作和石膏模的翻制

### 4.4.3 石膏模干燥

石膏模须经过干燥，才能获得好的吸水率和较高的强度。不同的干燥方法、时间、条件等因素对石膏模的质量影响极大。

① 石膏模脱模后，在空气中放置的时间长短关系到注件强度。风干时间过短，含水率大，置于60℃温度下烘干，水分急剧逸出导致注件产生裂纹。若风干时间过长，则注件长时间处于湿度较大的情况下，会破坏硬化后的石膏晶体形成网状结构而降低强度。实践证明，一般风干36h后再加温干燥（合理的干燥制度），能获得较高强度。

② 不同干燥方法对石膏模的初期填泥损失影响较大（即新模具成型后脱坏损失）。最严重时可达7～8次，约占模具使用寿命的5%～10%；较显著的问题有开裂、盖泥、粘泥和拉伤等。

据文献介绍，产生以上问题的主要原因是某些新模型的表面存在不透气层。这一现象经使用气体渗透仪测定而得到证实。实验结果表明：模型表面透气性大约比除去表皮层后的透气性常数值低2～8个数量级。即除去表皮层50～100μm后，透气性便由紧接模型表面层的最低值，逐渐提高至常数值。

国外某精陶厂曾采用两种不同干燥方法进行试验，即将模型底部朝上，口面朝下并盖以盖板（称盖面干燥）和将模型工作面朝上干燥（称穿面干燥）。干后分别将两种模型分别作七次填泥成型试验。其结果：盖面干燥的模具填泥损失为：开裂和粘泥的数量由原来的90%降至13%。

为什么采用盖面干燥的模具比穿面干燥的初期填泥损失小呢？有人用电子探针、化学分析方法，对各种新模型表面进行鉴定，未能查明任何显著的差别。但是使用差热分析却得出不同的结果。从穿面干燥的模型表面上取得的材料测定表明它的低温吸热效应小，也就是可溶性水合物数量少。但从盖面干燥的模型表面上取得的材料，测定的吸热曲线却不是这样。更有意义的是在约40℃石膏凝固时的放热效应，其特征曲线形状随着模型干燥方法的不同而变化。前者是当模型的水分逸出表面时，模型内表层沉积了一层二水硫酸钙之故。这就是说采用穿面干燥的模型是由于二水硫酸钙的沉积阻塞了气孔表面。假定 $CaSO_4 \cdot 2H_2O$ 的溶解度为 0.2g/100mL 水，则可计算出，在模型表面足以形成厚 30～40μm 的 $CaSO_4 \cdot 2H_2O$ 的密集层。

为此，石膏模的干燥方法，应以工作面朝下，并加以盖面，对降低模具的初期填泥损失效果显著。盖面材料有：聚氨基酸乙酯泡沫板、塑料板和石膏托或石膏垫等，上述材料都具有同等效果。

③ 石膏模的干燥条件对强度有很大影响，脱水干燥速度太慢，即干燥温度太低，溶解石膏的残余物逐渐增长并与二水石膏的许多针状结晶相互结合，从而降低了强度。脱水干燥太快，即温度过高（超过 60℃）则使形成的石膏再次脱水而降低强度。实践证明：比较理想的干燥温度为 55℃。在这个温度条件下，石膏结晶连生、发育良好，强度最高。

### 4.4.4 常见缺陷及分析

在生产过程中，石膏模型由于工艺控制不当，会出现一些缺陷。具体缺陷种类及原因见表 4-1。

**表 4-1 石膏模具常见缺陷种类及原因**

| 常见缺陷 | 原因分析 |
|---|---|
| 石膏模疏松，无强度 | （1）石膏粉吸潮；（2）烘房温度大于 60℃ |
| 模种从石膏模中很难取出 | （1）模种器型设计不合理；（2）模种外表面没涂一层脱模剂；（3）脱模太晚，超出终凝时间过多 |
| 石膏模工作面不光滑，还有空洞 | （1）石膏浆搅拌不充分；（2）石膏浆浇注时间太晚，流动性不好 |
| 对开及多开石膏模合缝太大 | 对开及多开石膏模没有合模干燥，造成石膏模变形不一致 |

## 4.5 考核评价

此工序总分 10 分，分以下四项评分。调制石膏浆 2 分，根据调制石膏浆的性能进行评价给分；制作模种实践 3 分，根据实践操作的准确性及熟练程度和制作模种的质量打分；翻制石膏模具 3 分，根据实践操作的准确性及熟练程度和制作模种的质量打分；石膏模具的干燥 1 分，根据是否规范操作评分；组织纪律（安全、卫生、考勤等）1 分，根据学生具体表现评分。

组长评价 10 分，根据组长能否组织、协调好全组成员做好安全、卫生、纪律等工作，全组成员整体表现情况进行评分。

第 5 章

# 坯体成型技术实训

成型就是将制备好的坯料，用各种不同的方法制成具有一定形状和尺寸的坯体（生坯）。陶瓷制品传统成型方法通常按照坯料的含水率及性能来分类，可分为注浆成型、可塑成型及压制成型；本章介绍的拉坯成型、滚压成型、艺术成型属于可塑成型技术；注浆成型技术着重介绍了常压注浆和高压注浆成型技术；压制成型介绍了等静压成型，干压成型普遍用于建筑陶瓷的成型，故在第三篇的第 9 章中介绍；这些成型技术属于常用的陶瓷成型技术，其它成型技术限于篇幅不作介绍。另外，本章还介绍了现代先进的 3D 打印成型技术。

## 5.1 拉坯成型技术

### 5.1.1 实训目的

① 熟悉拉坯成型，掌握拉坯成型方法和规律。主要包括：a. 拉坯机的了解和使用；b. 陶艺制作工具的熟练使用；c. 基本拉坯操作技法。

② 通过揉泥和拉坯操作，亲手接触感受泥料的可塑性、结合性、收缩性等性能，熟悉含水率对可塑性的影响规律，掌握泥料中水分的控制是拉坯成型的关键。

③ 掌握拉坯成型操作与陶艺制作的关系。让学生对陶艺有更深刻的体验和了解，通过拉坯操作达到心目中所想造型或设计好的造型结构，培养学生创新意识，提高创新能力。

④ 通过从揉泥到成型实际操作，培养人与机械相互协调，提高学生在拉坯过程中手眼身法之间的协调配合能力。

在教学过程中，注意引导学生多了解传统陶瓷方面的历史文化以及现代陶艺的产生和发展，使学生体验到陶艺这门艺术的魅力所在。通过对陶艺制作（拉坯成型）工艺性方面的讲解及实际操作，在提高学生的动手能力的同时注重启发学生的创造性思维，提高学生的创造能力。

鼓励学生大胆练习，勇于实践。拉坯技法和骑自行车道理相同，通过不断的练习，掌握了平衡，每个人都可能学会骑自行车，拉坯经过反复的练习，理解了拉坯的原理，掌握了要领，每个人都可以学会拉坯技法。当然，要能够在转盘上自由地控制泥团，得心应手地拉出一件较复杂的大型作品，需要长时间的练习并掌握高难度的技术。一般来说，初学者拉坯一百件可以有些体会了。真正要成为一个高手，一般要有多年的拉坯经验。

### 5.1.2 拉坯成型设备与工具

拉坯成型工艺是一种古老的陶瓷成型方式。传统拉坯工艺是将湿软的泥土放在轮车（辘轳）上，借用轮车旋转的力量，用双手配合动作，将辘轳车上的泥团拉成各种形状的成型方

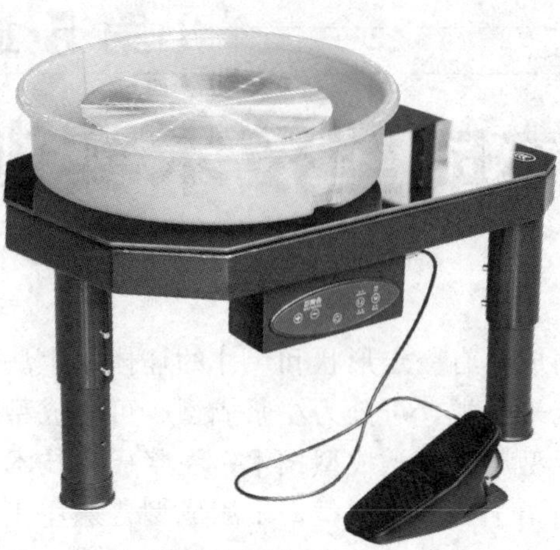

图 5-1 电动拉坯机

法。拉坯可以制作碗、杯、罐、盘等不同形状的圆形造型、简朴的容器或复杂的圆柱体造型，还可利用拉坯成型后再进行造型，组合成各种复杂的艺术结构。

拉坯机包括手动和电动两类。手动拉坯机需要一定的体力，操作上不方便，现在人们大多选择电动拉坯机（图 5-1）。一般电动式拉坯机都配有脚踩式踏板无节变速器，脚踩的变速器与汽车的油门踏板相似。有些拉坯机是可以调节转向的，但一般以惯用右手者为例，采用逆时针方向运转。

常见的拉坯工具包括切割钢丝、泥塑刀、刮板、刮片、海绵等（图 5-2）。

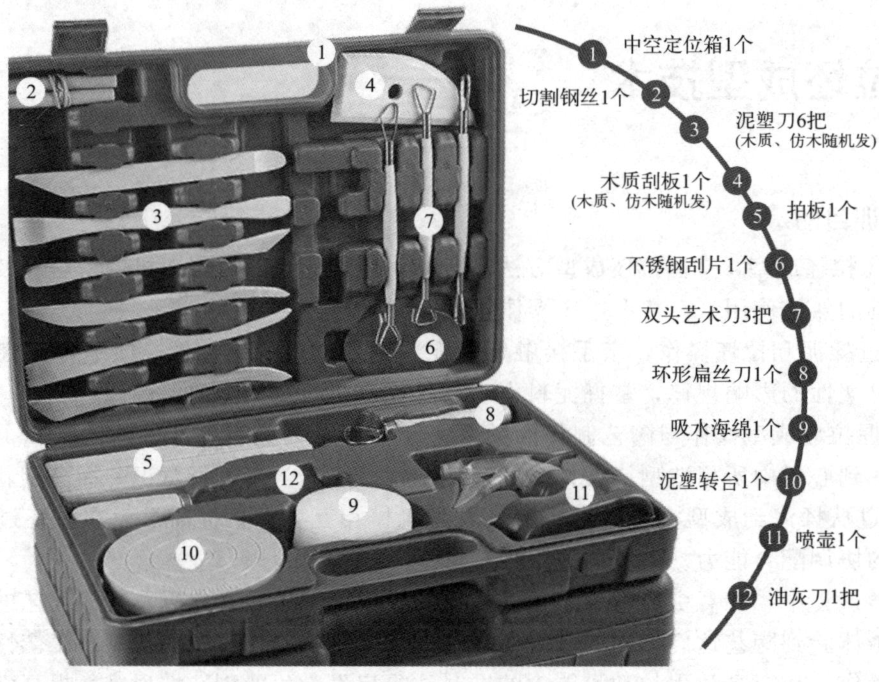


图 5-2 常用拉坯工具

### 5.1.3 拉坯操作技法

（1）揉泥

揉泥是陶艺创作中首先要掌握的技巧或者是训练的方法，是成型创作的第一道工序。只有掌握了揉泥技巧，才能更好地了解泥性，为创作打下良好的基础。

揉泥的目的主要是去除泥料中的气泡和使水份均匀，可防止在干燥及烧成过程中气泡里的气体升温引起开裂或炸坯。揉好后的泥料更紧实，富有韧性，便于拉坯和成型。

揉泥的方法基本上有两种：菊花形揉泥法和羊头形揉泥法。

羊头形揉泥法就是在揉泥过程中，所揉的泥形如羊头，是比较简单和普遍使用的揉泥方法。

如图 5-3 所示，详细的步骤如下：①双手抱住泥巴；②掌心下压；③利用大拇指指根的力压到底；④接着双手将泥巴往回扶；⑤扶至泥巴竖起；⑥利用大拇指根部的力继续下压；⑦就像揉面一样泥巴表面会有一层层的压褶；⑧重复以上动作多揉几遍；⑨逐渐变成这样的形状；⑩最后会成为一个羊头的形状。

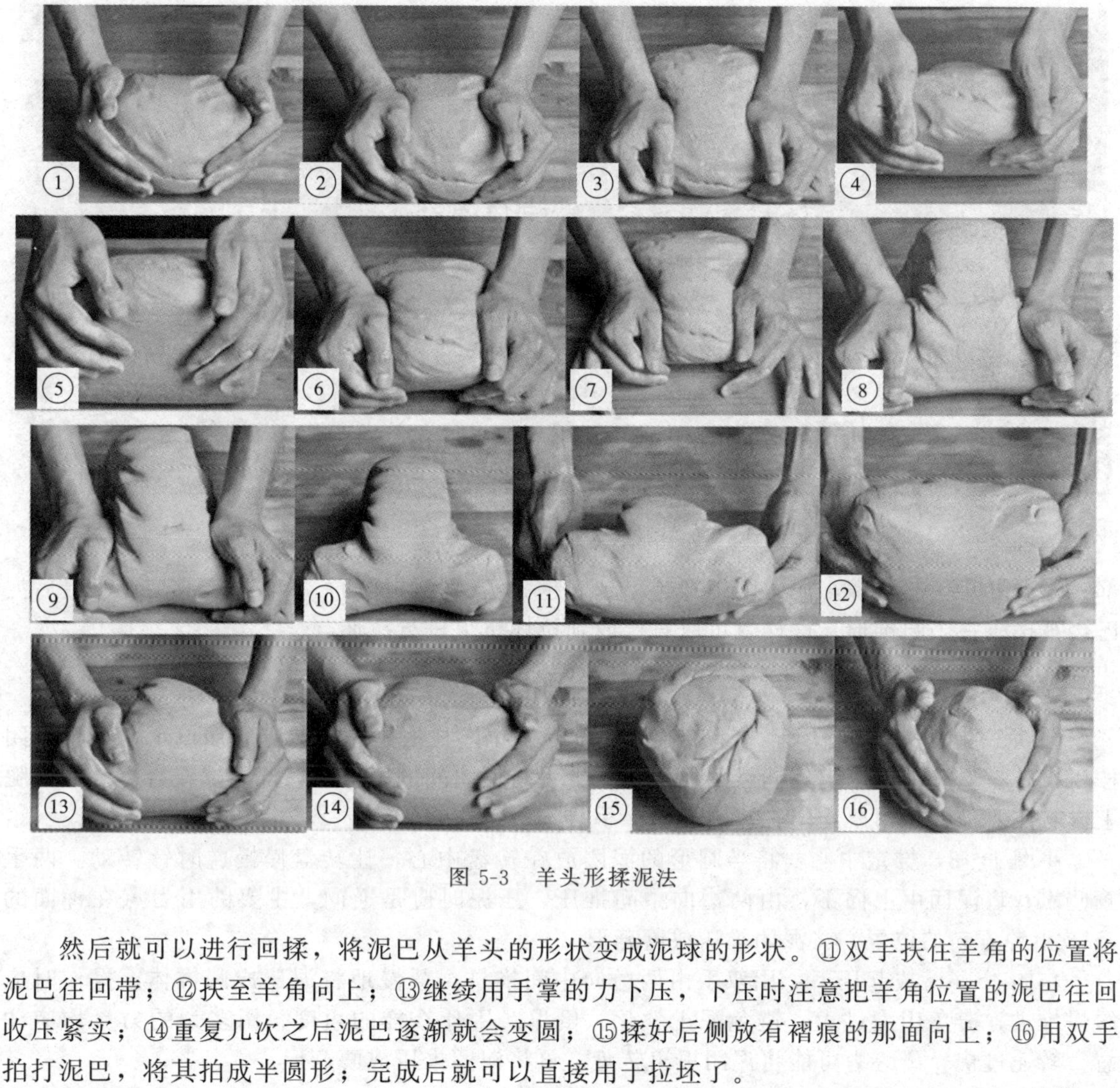

图 5-3　羊头形揉泥法

然后就可以进行回揉，将泥巴从羊头的形状变成泥球的形状。⑪双手扶住羊角的位置将泥巴往回带；⑫扶至羊角向上；⑬继续用手掌的力下压，下压时注意把羊角位置的泥巴往回收压紧实；⑭重复几次之后泥巴逐渐就会变圆；⑮揉好后侧放有褶痕的那面向上；⑯用双手拍打泥巴，将其拍成半圆形；完成后就可以直接用于拉坯了。

菊花形揉泥法就是在揉泥过程中，所揉的泥由外到内，比较饱满，形如菊花，故称菊花形揉泥法。

如图 5-4 所示，①揉泥时注意五指扶住泥巴，大拇指根部用力下压；②双手合作将泥巴的外部由外向内压折；③掌根用力压到底；④扶起泥巴；⑤不断重复以上动作；⑥表面就会出现一层一层的压褶；⑦最后形成菊花状。

然后再将菊花一样的泥巴进行回揉。⑧一手扶泥巴一手下压；⑨将菊花褶压进泥巴内

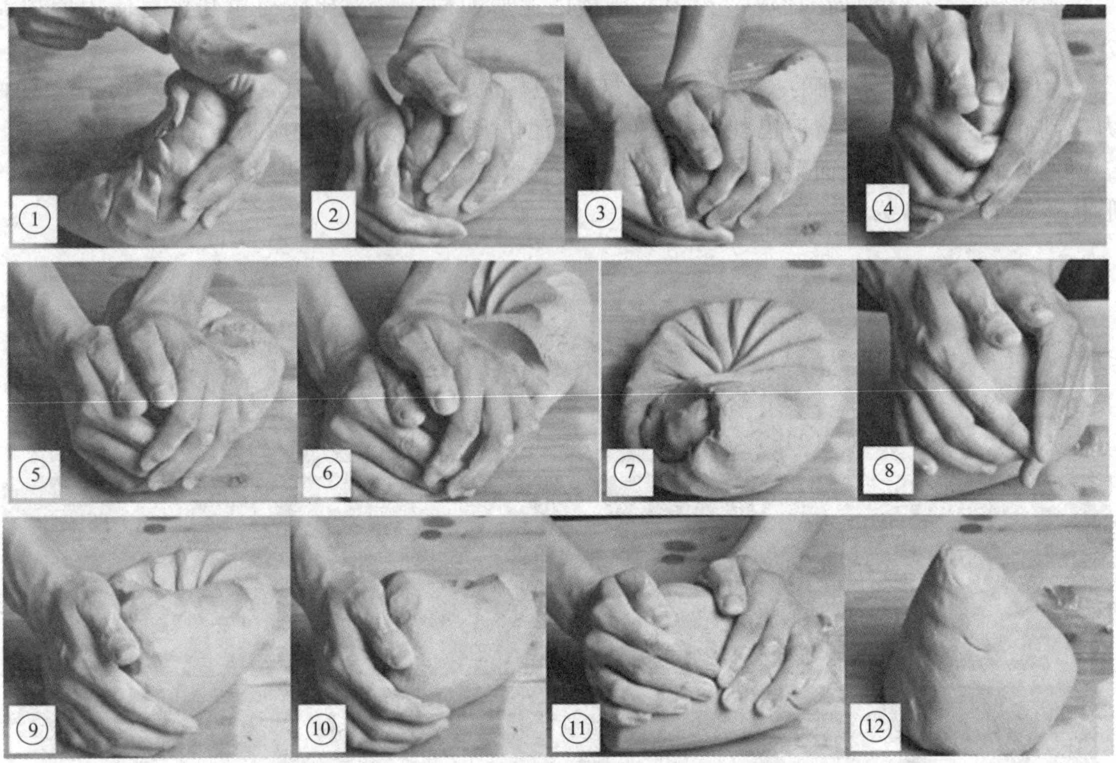

图 5-4　菊花形揉泥

部；⑩重复⑧～⑨步骤，泥巴会越揉越小越来越紧实；⑪像揉面一样，逐步成型；⑫最后泥巴会被揉成一个圆锥形。这样就可以直接放到拉坯机上进行拉坯。

（2）拉坯

图 5-5 的 1～20 小图展示了手工拉坯的过程。拉坯技法是先在转盘上加点水，再将泥团按压在转盘上。水可以起到润滑的作用，减少手与泥团间的摩擦。肘部支撑在身体上或大腿上。身体要稳，用力要均匀，连绵不断。手势不可忽快忽慢。

小图 1～3，推定中心：将半圆形的泥团放在转盘中心，让转盘慢慢逆时针转动。两手蘸些水，将泥团由上向下，由两边向中间推压。压泥时应是逆向，主要的用力点在钟面的 7～8 点钟方向的位置，将泥团推压成蘑菇形。

小图 4～6，拔起压下：用双手由两边向中间推挤，缓慢地将泥压成圆锥体。操作时应缓慢推进，避免用力过大，避免泥土软化、倒塌。用什么样的角度、用多大的力量均应注意。转速过快，离心力可能将泥团甩出转盘。再将泥团推压成蘑菇形。

小图 7～9，点开中心：加点水，两手作捧泥状，中指或拇指的指尖在蘑菇状泥球中心往下按压，直至离底部 1～2cm 厚度的位置。扩大中心：左手在下，右手在上。用左手的食指、中指和无名指的指端在 6 点钟方向的位置往身边拉。

小图 10～12，往上提拉：拉坯时一般是左手在内，称为内手。右手在外，又称外手。左手的食指和中指的指端在内，右手食指的第二关节在外。内手稍高于外手。此时两手应放在 3～4 点钟方向的位置。里应外合将泥壁往上提。

小图 13～17，塑造外形：当泥土形成一个圆柱体以后，你就可以根据自己的设计改变

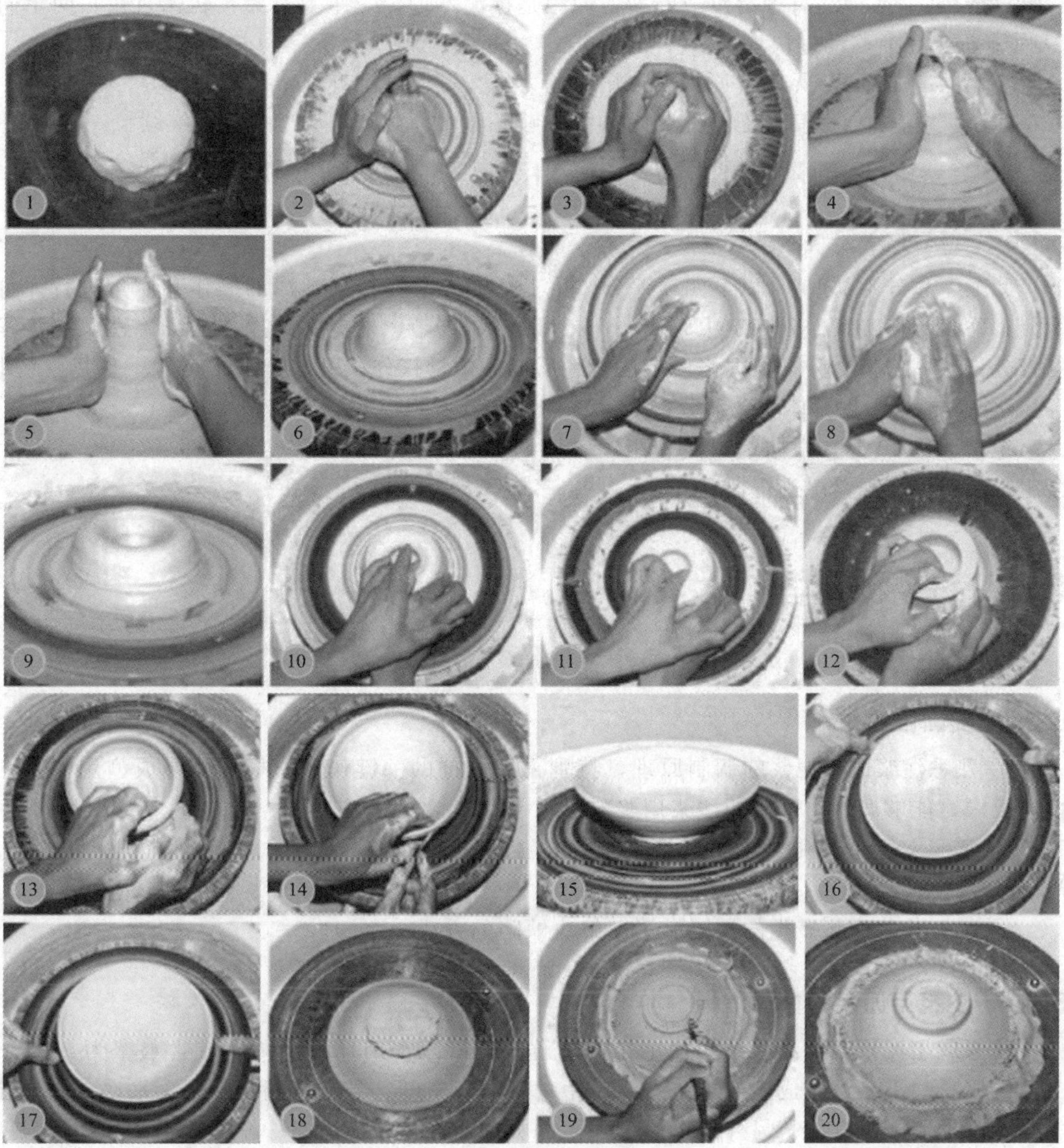


图 5-5　手工拉坯过程

形状，由内向外逐渐推出去，直到出现自己满意的弧度曲线。最后用钢丝紧贴底部，将坯体与转盘割离。

小图 18～20，修整底部：等到坯体半干（皮质硬度）的时候将器物颠倒，放置在转盘中心，并用湿泥固定，用修坯刀修削去多余的泥土，留出底圈，一个碗形坯体就完成了。

### 5.1.4　拉坯成型中常见问题及其分析

① 偏心：原因是用力不均匀。定中心是很重要的步骤，泥土没有完全在中间的情况下不要急于上提。

操作视频：拉坯成形

② 有螺旋纹或断裂：原因是揉泥不均匀，压力过大，转速过快，两手向上移动过快等。

③ 无底：原因是下压时用力过大过快，没有预留底部厚度等。

④ 有气泡：原因是揉泥不够。可用针戳破，放出空气，继续拉一次。

⑤ 出现高低边缘：原因是用力不均匀。可以用线割去高出部分。

### 5.1.5 考核评价

此工序总分 10 分，分以下四项评分。手工揉泥 2 分，根据揉泥的操作和质量进行评价给分；手工拉坯实践 5 分（定中心 2 分、拉成器型 3 分），根据实践操作的准确性及熟练程度打分；坯体修整 2 分，根据修坯技法及最后成品质量打分；组织纪律（安全、卫生、考勤等）1 分，根据学生具体表现评分。

组长评价 10 分，根据组长能否组织、协调好全组成员做好安全、卫生、纪律等工作，全组成员整体表现情况进行评分。

## 5.2 注浆成型

### 5.2.1 实训目的

① 熟悉注浆成型泥浆的调制原理，特别是解胶剂的关键作用；根据注浆成型用泥浆的性能要求，能够调制出合格的注浆用浆料。

② 掌握实心注浆和空心注浆注浆成型的工艺流程及工艺参数，能够注浆成型出合格产品。

③ 掌握注浆成型产生的缺陷，了解解决缺陷的方法。

### 5.2.2 注浆用泥浆的性能指标

注浆成型泥浆是由泥条添加一定比例的解胶剂（减水剂）和水调制成含水率为 28%～35%的浆料，满足注浆成型要求。在生产中常用泥浆密度、黏度、稠化度、含水率、悬浮性等指标来控制泥浆性能。另外还可测定泥浆的吸浆速度、脱模情况、坯体含水率和生坯强度等来标志泥浆的成型性能。表 5-1 是泥浆性能参考指标。

**表 5-1 泥浆性能参考指标**

| 指标 | 空心注浆 | 实心注浆 |
|---|---|---|
| 泥浆含水率/% | 31～35 | 28～30 |
| 相对密度 | 1.55～1.70 | 1.80～1.95 |
| 颗粒细度（万孔筛余量）/% | 0.5～1.5 | 1～2 |
| 流动性（孔径 7mm 的恩氏黏度计） | 10～15 | 15～20 |
| 触变性（静止 30min） | 1.1～1.4 | 1.5～2.2 |

### 5.2.3 注浆成型操作步骤及要求

① 准备原料　注浆成型的原料包括高岭土、黏土、石英、长石等矿物质原料，以及减水剂、分散剂等添加剂。在准备原料时，应确保原料的质量和纯度，并按照配方比例进行混合球磨；球磨操作可详见“8.3.1 原料球磨”。

② 泥浆的调制　一般来说球磨好的泥浆经过筛除铁及陈腐后，可直接用于注浆成型。如果泥浆的性能不满足注浆要求，则需要进行泥浆的调制。加入合适的电解质到泥浆中，用搅拌机搅拌成均匀的浆料。搅拌时应注意控制搅拌速度和时间，避免产生气泡和过度的磨损。搅拌完成后，应将浆料静置一段时间，以使浆料中的气泡逸出；测试泥浆的流动性、密度、含水率等性能是否达到要求。如果含水率高了，可添加少量的相同配方的可塑泥段，接着搅拌成均匀的浆料。也可全部选用可塑泥段，切碎后加入合适的水及电解质来调制注浆用的浆料（详见“5.2.5 压力注浆”中的“（1）化浆”操作步骤）。

③ 选取（制备）模具　根据产品形状和尺寸的要求，选取或制备合适的模具。模具应具有一定的强度和耐久性，内表面光滑，无瑕疵。模型工作面需清扫干净，不得留有干泥或灰尘。装配好的模型如有较大缝隙，应用软泥将合缝处的缝隙堵死，以免漏浆。模型的含水率应保持在 5% 左右。

④ 浇注浆料　将搅拌好的浆料注入模具中，浇注时要控制浇注速度和压力，避免产生气泡和浇注不足的情况。浇注完成后，应将模具放置一段时间，以使浆料逐渐凝固。由于泥浆中水分不断被吸收而形成坯泥，注入的泥浆面就会不断下降，因此注浆时必须陆续补充泥浆。空心注浆时待泥浆在模型中停留一段时间形成所需的注件后，需倒出多余的泥浆，坯体厚度取决于泥浆在模型中的停留时间。

⑤ 静置凝固　在浇注完成后，应将模具放置一段时间，使浆料完全凝固。静置时间应根据浆料的性质和产品尺寸等因素而定。在静置期间，应注意保持环境温度和湿度的稳定。

⑥ 脱模　当浆料完全凝固后，可以开始脱模。适合脱模的坯体含水率由实际情况来定，一般在 18% 左右。脱模时应小心操作，避免损坏产品表面和结构。脱模后，应对产品进行清洗和处理，去除表面的杂质和残留物。

⑦ 修整产品　在浇注和脱模过程中，产品可能会产生一些缺陷或不规则的表面。因此，需要进行修整和加工，使产品达到所需的形状和尺寸精度。修整时应使用适当的工具和技术，确保产品的质量和外观。

⑧ 干燥处理　在修整完成后，应对产品进行干燥处理。干燥时应控制温度和湿度，避免产品变形或开裂。根据产品的性质和要求，可以选择自然干燥或烘干的方式进行干燥处理。

⑨ 质量检查　在干燥处理后，应对产品进行质量检查。检查内容包括外观、尺寸、结构等方面。对于不合格的产品，应进行返工或报废处理。确保产品的质量和一致性符合要求。

### 5.2.4 注浆成型常见缺陷分析

注浆成型常见缺陷主要有坯裂、气泡及棕眼、变形、脱模困难等，其产生的原因及解决措施见表 5-2。

表 5-2　注浆成型常见缺陷分析

| 缺陷名称 | 产生原因 | 解决措施 |
| --- | --- | --- |
| 坯裂 | （1）泥浆塑性原料用量不当；<br>（2）颗粒粗细分布不合理；<br>（3）电解质用量不当或泥浆陈腐时间不够；<br>（4）模型干湿度不均或新模型未清除表面油污杂质；<br>（5）注浆操作不当，空浆不净造成坯体厚薄不均；<br>（6）坯体脱模过早，过迟或干燥温度太高；<br>（7）湿接坯时，嘴、把和坯体干湿程度不一，或黏接浆不适合；<br>（8）湿坯放置方法不当 | （1）调整坯料配方，使塑性与瘠性原料配比得当；<br>（2）调整球磨时间或调整球石大、中、小比例；<br>（3）调整电解质用量，延长泥浆陈腐时间；<br>（4）模型含水率要均匀，新模型要彻底清除表面油污；<br>（5）要严格控制注浆操作制度，余浆要倒净；<br>（6）严格控制坯体脱模时间，合理控制带模干燥温度；<br>（7）湿接坯体时，黏接件的干湿度要接近，调整好黏接浆的性能；<br>（8）湿坯放置一定要平稳 |
| 变形 | （1）泥浆混合不均，干燥收缩不一；<br>（2）泥浆水分过高，干燥收缩过大；<br>（3）坯体浇注厚度不均；<br>（4）模型过湿，脱模过早，操作不当，湿坯放置不平 | （1）注浆前，泥浆一定要搅拌均匀；<br>（2）适当降低泥浆中的水分；<br>（3）严格控制注浆操作制度，保证坯体厚度均匀；<br>（4）严格控制模型干燥水分，控制好脱模时间，严格控制注浆操作制度，湿坯放置一定要平稳 |
| 气泡和棕眼 | （1）模型设计不合理；<br>（2）模型过湿、过旧或温度过高；<br>（3）注浆方法不当或泥浆温度过高；<br>（4）泥浆水分太少，黏度太大；<br>（5）电解质种类、用量不当，或泥浆颗粒过粗 | （1）模型设计要合理；<br>（2）严格控制模型水分、使用次数和模型温度；<br>（3）采用合理的注浆方法，控制合理的泥浆温度；<br>（4）调整泥浆水分，适当降低泥浆粘度，最好采用真空脱气处理；<br>（5）调整电解质的种类和用量 |
| 脱模困难 | （1）泥浆中可塑黏土用量过多；<br>（2）泥浆中水分过多或模型过湿；<br>（3）泥浆颗粒过细；<br>（4）石膏模型设计不合理 | （1）适当减少泥料中可塑黏土的用量。<br>（2）适当降低泥料含水率，模型含水率最好不要超过 6%；<br>（3）调整球磨时间和磨球比例，使泥浆颗粒适当粗些；<br>（4）设计石膏模型时，若有模芯，应有适当斜度 |
| 软塌（俗称溏心） | （1）电解质不足或过量；<br>（2）泥浆中的水分过多；<br>（3）石膏模过湿、过干、过热；<br>（4）泥浆温度太低 | （1）适当调整电解质用量；<br>（2）适当降低泥料含水率；<br>（3）模型含水率最好控制在 4%～6%；<br>（4）要合理控制注浆室的温度，从而控制泥浆的温度 |

### 5.2.5　压力注浆

强化注浆方法有压力注浆、真空注浆、离心注浆和热注浆。常用的压力注浆是采用加大泥浆压力的方法来加速水分扩散，从而加速吸浆速度。压力注浆最简单的就是提高盛浆桶的位置，利用泥浆本身的重力从模型底部进浆。规模生产压力较大及需要调整压力大小时，可利用压缩空气将泥浆注入模型内。根据泥浆压力大小，压力注浆可分为微压注浆、中压注浆、高压注浆。微压注浆的注浆压力一般在 0.05MPa 以下；中压注浆的压力在 0.15～

0.20MPa；大于 0.20MPa 的可称为高压注浆，此时注意须采用强度较高的模具。

高压注浆成套装置如图 5-6 所示，包括高压罐、空压机、真空泵等设备。

图 5-6　高压注浆成套装置

高压注浆成型操作步骤如下。

### (1) 化浆

选用含水率在 22%～23%质量较好的泥段，称取一定量的泥段，切碎后投入搅拌罐中，加入 10%～13%水搅拌，搅拌的同时逐步添加腐殖酸钠约 0.15%、玻璃水约 0.15%，至流动性满足要求；添加剂的总量一般不超过 0.3%。不断搅拌化成均匀一致的泥浆，化浆后的性能指标控制如下：含水率 32%～35%，流动性（涂 4 杯）40～60s，密度 1.67～1.71g/cm$^3$。

如采用球磨陈腐后的泥浆则此步骤可省略。

### (2) 过筛除铁

开启空压机，达到规定压力值（约 0.6MPa）后，打开单缸气泵将泥浆输送至高处的振动筛，及时开启振动筛（筛网目数为 120～180 目），泥浆经过振动筛过筛后，流入除铁器中除铁，再由重力作用流入储浆罐。

### (3) 储浆脱泡

打开储浆罐搅拌机缓慢搅拌，待所有泥浆都过筛除铁后流入储浆罐；打开真空泵至脱泡罐内负压为－0.08MPa 时，打开储浆罐和脱泡罐联通管道阀门，将储浆罐内的泥浆全部吸入到脱泡罐内，关闭阀门。维持该负压一定时间，将脱泡罐内泥浆中的空气尽可能脱除。

### (4) 安装模具

检查清洁干燥好的石膏模具，将石膏模具的注浆口对准高压注浆台上的泥浆管道出口，装配石膏模具；检查装配的模型，如有缝隙应用软泥将合缝处的缝隙堵死，以免漏浆。将石膏模具按照次序叠放至一定高度，注意不要错位，模具之间的进浆口对准成一直管道。旋转上部的螺旋铁盘，压紧模具柱，以防跑浆。

（5）加压注浆

关停真空泵，打开空压机加压，将泥浆压入高压罐后，关闭脱泡罐和高压罐之间的阀门，打开通往高压罐的高压气管阀门，向罐内加压至所需要的注浆压力后，打开管道出口阀门开始注浆。需要批量连续生产则同时重复以上（1）～（4）步，在注浆的同时，完成后续泥浆的制备、过筛、除铁及真空脱泡，这批泥浆完成注浆后，下一批泥浆可以接着高压注浆。

不需要连续生产时，可节省将泥浆压入高压罐的步骤，直接在脱泡罐中用空压机加压至所需的注浆压力，经旁管道将泥浆压入到安装好的石膏模具中注浆。

石膏模具内全部注满浆料后，保持压力 30～50min 使模具充分受浆。受浆完成后关闭阀门停止注浆，同时关闭空压机停止加压。

（6）坯体脱模

旋转螺旋铁盘，松开石膏模具柱；从上往下一个一个取下已注浆好的石膏模具，注意轻拿轻放。脱坯时一般用气枪吹出一定压力的气体，对准模具接缝处吹开模具，并用气枪吹动坯身，以防变形、开裂。坯体和石膏模具存放在坯架上晾干或进烘房中烘干。重复（1）～（6）步，直至完成所有泥浆的注浆。

教学视频：注浆成型

（7）设备清洗

将清水注入到搅拌罐内，开启搅拌机，清洗搅拌罐；开动空压机，打开单缸气泵，将清水输送到高处的振动筛，开动振动筛，清洗振动筛；依次按照流程清洗除铁器、储浆罐、脱泡罐和高压罐及联通管道。重复以上清洗流程若干次，直至放出的清洗水无浑浊状态，可认为已经清洗干净。

### 5.2.6 考核评价

此工序总分 10 分，分以下五项评分。泥浆的制备和调制 2 分，根据调制泥浆的操作，对添加电解质等工艺参数的掌握，以及泥浆性能的测试操作进行评价给分；石膏模具的整理 1 分，根据操作的规范打分；注浆操作 3 分，根据操作的准确性及熟练程度及注浆坯体的质量打分；高压注浆 3 分，根据对高压注浆设备和工艺及关键参数的认识评分；组织纪律（安全、卫生、考勤等）1 分，根据学生具体表现评分。

组长评价 10 分，根据组长能否组织、协调好全组成员做好安全、卫生、纪律等工作，全组成员整体表现情况进行评分。

## 5.3 滚压成型

### 5.3.1 实训目的

① 了解真空练泥机工作原理并能够安全规范操作，熟悉可塑泥的性能要求练出合格的泥段；

② 了解滚压成型机工作原理并能够安全规范操作，压制出符合要求的产品；

③ 熟悉可塑泥干燥收缩、烧成收缩、烧结温度范围等相关参数的测定；

④ 掌握滚压成型坯体的缺陷分析及解决措施。

### 5.3.2 真空练泥

滚压成型泥料还需真空练泥。需要根据成型产品确定练泥机出口大小，选择合适的练泥机和出料口配件；真空练泥操作详见“3.3.2 坯釉料制备主要工序操作实训”中的“(4) 真空练泥”。练好的泥条从出泥口出来后，切取所需长度的泥段包装陈腐待用。滚压成型泥料水分一般控制在19%～22%。

### 5.3.3 滚压成型操作步骤

滚压成型有阴模成型和阳模成型两类。一般阴模成型的转速比（主轴转速与滚头转速的比值）为1∶(0.3～0.7)，阳模成型的转速比为1∶(0.65～0.9)。阳模成型时主轴转速可大些，泥料水分可高些。

因为滚头的中心点上，其旋转线速度几乎为零，对坯泥施加的压力很小，故该点周围的坯体结构疏松，烧成后产生底部中心不平缺陷。一般将滚压头旋转轴向坯体中心平移1～2mm。有时为了防止滚头黏泥可采用热滚头滚压。

滚压成型的主要参数为倾角 $\alpha$。一般来说 $\alpha$ 小，滚头直径和体积就大，滚压时泥料的受压面积大，坯体较致密；$\alpha$ 大，滚头直径就小，排泥容易，受压力较小。$\alpha$ 倾角一般采用15°～30°，有时可达45°左右，有时也有0°。

滚压成型操作步骤如下：

① 检查滚压成型机电源线路是否完好；

② 启动开机键检查电机是否运转正常，刹车是否灵敏；

③ 要求石膏模干净内表面无损伤后放稳石膏模（平整、坐实）；

④ 投泥于石膏模内（要求泥料水分合适，用量合适并且压实在石膏模内）；

⑤ 压坯：启动电源开关机器运转，滚头向泥料滚压，要求均匀施压，防止滚头跳动，成型后徐徐抬起压头；

⑥ 切余泥：顺着主轴旋转方向压下取泥钢丝至坯体与石膏模表面平齐；

⑦ 取模：脚踩刹车，主机停稳后双手拿出带坯的石膏模，松刹车放石膏模置于坯架上晾晒或烘干，坯体干燥收缩与模具分离，取出坯体进行修整；

⑧ 再次压坯时脚踩刹车主机停后放稳石膏模，重复④～⑦的操作。

### 5.3.4 滚压成型常见缺陷

滚压成型常见的缺陷主要有黏滚头、坯体开裂、底部上凸、花底、鱼尾等，其产生的原因及解决措施见表5-3。

**表5-3 滚压成型常见缺陷分析**

| 缺陷名称 | 现象 | 产生原因 | 解决措施 |
| --- | --- | --- | --- |
| 坯裂 | 坯体有大小不同的开裂 | (1) 坯泥可塑性太差，水分太少或不均；(2) 滚头顶点超过坯体中心太多；(3) 热滚压时滚头温度太高 | (1) 调整坯料配方，适当提高泥料的可塑性，或适当提高坯泥水分；(2) 适当调整滚头平移距离，使坏体底部中心部位结构致密；(3) 热滚压时适当降低滚头的温度 |

续表

| 缺陷名称 | 现象 | 产生原因 | 解决措施 |
| --- | --- | --- | --- |
| 粒滚头 | 泥料脱离模型粒在滚头上 | （1）泥料的可塑性太强或水分过多；（2）滚头表面过于光滑；（3）滚头转速太快；（4）滚头倾角过大；（5）新模型吸水太快，泥料与模型间的附着力太小；（6）热滚压时，滚头温度太低，尤其可能是滚头顶部太低 | （1）调整坏料配方，适当降低泥料的可塑性，或降低坏泥水分；（2）用细砂布将滚头表面打磨粗糙些；（3）适当降低滚头转速；（4）减小滚头倾角，调整凸轮曲线；（5）在新模型表面涂水或涂油，以降低新模型的吸水速度；（6）热滚压时，可将滚头内电阻丝适当调整，采用中密边稀的排列 |
| 飞泥 | 滚头压延泥料时，泥料不贴附于模型上，而是被拉断、甩出 | （1）主轴转速过高，离心力太大；（2）泥料水分过高，抗拉强度不足 | （1）降低主轴转速；（2）减少泥料的含水率 |
| 坯体底部不平 | 坯体底部的中心处凸起或凹陷。有时在施釉前不明显，但施釉后才表现出来 | 1. 中心凸起的原因：（1）泥料水分过低；（2）滚头顶部的圆周速度太大；（3）滚头造型设计不当，角度不合适或滚头顶部磨损<br>2. 中心凹陷的原因与上述相反 | 1. 中心凸起的解决措施：（1）适当增大泥料的含水率；（2）缩小滚头顶点超越坯体中心的距离或适当降低滚头转速；（3）将滚头圆锥体适当修理，若过圆则适当锉尖一些。2. 中心凹陷的解决措施与上述相反 |
| 坯体中心或底边起皱 | 与模型接触的坯体的表面上，坯体中心处或底边处有细小的皱纹 | （1）新模型吸水大、快，泥料与模型间的附着力小；（2）泥料与模型间的空气没有排尽；（3）滚头转速太快（4）滚头压延泥料时，主轴转速未达到额定转速；（5）模型底边处的圆弧设计不得当；（6）热滚压时，滚头温度过低 | （1）在新模型表面涂水或涂油，以降低新模型的吸水速度；（2）投泥时，要注意不要在泥料与模型间包有空气；（3）降低滚头转速；（4）调整主轴离合器或主轴电机的电气控制装置，使主轴提前启动；（5）设计模型时，坯体底边要有合适的圆弧形；（6）热滚压时，适当调高滚头温度 |
| 坯体菊花心 | 坯体中心处有放射状条纹 | （1）轴承间隙太大；（2）模型与模座配合太松；（3）对于低水分的泥料，滚头转速太低；（4）滚头压延泥料的时间太长 | （1）检修轴承，减小间隙；（2）紧固模型与模座的配合；（3）增大滚头转速；（4）缩短滚头压延泥料的时间 |
| 花底 | 坯体中心处有放射状条纹 | （1）退刀速度太快；（2）滚头顶点超过坯体中心太多；（3）机器刚性不足，成型时振动太大；（4）热滚压时，滚头顶部温度过高 | （1）减慢退刀速度；（2）减小滚头顶点超过坯体中心的距离；（3）加强机器刚性；（4）热滚压时，降低滚头顶部温度 |
| 坯体底部下垂（沉底） | 脱模后在坯体干燥阶段出现底部下垂（即沉底） | （1）泥料水分过高；（2）滚头转速太慢；（3）热滚压时，滚头顶部温度太低 | （1）适当减小泥料的含水率；（2）增大滚头转速；（3）热滚压时，调高滚头顶部温度 |

### 5.3.5 考核评价

教学视频：滚压成型

此工序总分 10 分，分以下四项评分。真空练泥 3 分，根据是否规范操作和练泥质量进行评价给分；滚压成型 4 分，根据操作的规范和熟练程度打分；滚压坯体 2 分，根据滚压坯体的质量进行给分；组织纪律（安全、卫生、考勤等）1 分，根据学生具体表现评分。

组长评价 10 分，根据组长能否组织、协调好全组成员做好安全、卫生、纪律等工作，全组成员整体表现情况进行评分。

# 5.4 等静压成型

## 5.4.1 实训目的

通过本节的等静压成型生产实习，使学生了解和掌握等静压制备陶瓷坯体的生产环节，加深对已学陶瓷材料成型技术专业理论知识的理解和认识，训练观察和分析陶瓷等静压成型有关问题的能力；培养学生组织和管理等静压成型技术生产的初步知识和能力。通过具体操作等静压成型和总结整个等静压成型实习过程，收集阅读和分析理解等静压成型技术的有关资料，加强学生理论联系实际，提高学生在生产实践中调查研究、观察问题、分析问题以及评价问题的能力。

## 5.4.2 等静压设备

等静压成型（isostatic press molding）基于帕斯卡定律，利用密闭容器内液体介质的不可压缩性和均匀传递压力的特性，使处于高压容器中的被成型工件在各个方向上受到相等的压力。

等静压技术最初主要应用于粉末冶金的粉体成型，如今已广泛应用于陶瓷铸造、原子能、工具制造、塑料、超高压食品灭菌、石墨、陶瓷、永磁体、高压电磁瓷瓶、生物药物制备、食品保鲜、高性能材料和军工等领域。

一般等静压成型机由主体（含高压筒体）、液压泵站和电气控制三大部分构成（图 5-7）。等静压成型机高压容器内的液体介质工作压强很高，故需用高压柱式泵或用较低压的柱塞泵并配有增压器。等静压成型机的液压传动系统有如下特点：

图 5-7　等静压成型机

① 动力部分通常由低压泵和高压柱塞泵组成，起始升压、供油由大流量的低压油泵承担，达到一定压力后，启动高压泵，低压泵作为高压泵的前级泵。

② 液压系统为高压系统，须设有可靠的密封和安全装置。

③ 高压容器等部件均需按有关高压容器的严格规定，进行规范设计、测试、安装和试压。

### 5.4.3 等静压技术分类

根据加压时的温度不同，等静压技术分为：冷等静压、温等静压和热等静压三类。冷等静压技术（cold isostatic pressing，简称 CIP）是在常温下，通常用橡胶或塑料做包套模具材料，以液体为压力介质，主要用于粉体材料成型，为进一步烧结，锻造或热等静压工序提供坯体。一般使用压力为 100～630MPa。温等静压技术，压制温度一般在 80～120℃下，也有在 250～450℃下，使用特殊的液体或气体传递压力，使用压力为 300MPa 左右。主要用于粉体物料在室温条件下不能成型的石墨、聚酰胺、橡胶材料等。以便能在升高的温度下获得坚实的坯体。热等静压技术（hot isostatic pressing，简称 HIP），是一种在高温和高压同时作用下，使物料经受等静压的工艺技术，它不仅用于粉末体的固结，传统粉末冶金工艺成型与烧结两步作业一并完成，而且还用于工件的扩散黏结，铸件缺陷的消除，复杂形状零件的制作等。在热等静压中，一般采用氩、氦等惰性气体作压力传递介质，包套材料通常用金属或玻璃。工作温度一般为 1000～2200℃ ，工作压力常为 100～200MPa。

等静压机又可分湿式等静压机和干式等静压机，湿式等静压机的液体介质，一般是水、油或甘油等，以刹车油或>无水甘油为好，也有用 50%煤油加 50%变压器油。湿式等静压的主体结构如图 5-8（a）所示。它是将预压好的坯料包封在弹性的橡胶模或塑料模具内，然后置于高压容器内，容器内充满液体介质。被成型的坯体处于高压液体中，各方受压均匀，所以叫作湿式等静压。加压后，即可释放压力，打开上盖封头，取出模具，并从模具中取出成型好的坯件。

干式等静压是相对而言的，即模具并不都处于高压液体介质之中，而是半固定式的，因而坯料的添加和坯件的取出都在干燥状态下操作。干模袋在上下冲头施压夹紧的状态下，高压液体输入到干模袋的周围，使粉料受到均匀的压力而成型。干式等静压是准等静压，其压模袋可用丁腈橡胶或醚胺酯制成。干模袋在上下冲头施压夹紧的状态下，高压液体输入到干模袋的周围，使陶瓷粉料受到均匀的压力而成型。干式等静压成型机如图 5-8（b）所示。干式等静压机可制成自动化连续式压机，适用于大批量生产。

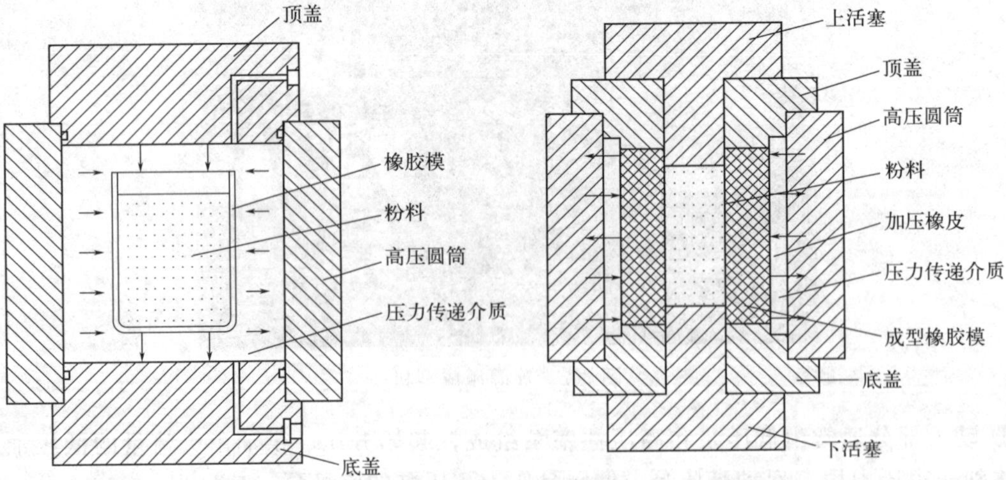


(a) 温式等静压机的主体结构　　(b) 干式等静压机的主体结构

图 5-8　等静压机的主体结构

### 5.4.4 等静压成型技术特点

等静压技术使用液体介质（例如水、油或乙二醇混合液）对粉末施加压力。粉末被放置在固定形状的模具中，模具防止液体渗入粉末。极高的压力使得粉末中的空隙显著减小甚至消失。在高压下，金属粉末由于其延展性而发生变形，陶瓷粉末则可能稍微破碎，从而增加密度，最终形成可以处理、加工和烧结的“生坯”零件。对于金属粉末，等静压技术可以实现接近100%的理论密度；而对于更难压缩的陶瓷粉末，则可达到约95%的理论密度。

等静压技术作为一种成型工艺，与常规成型技术相比，其优点明显。

① 高密度和高强度　等静压成型的制品密度显著高于单向和双向模压成型，通常高出5%～15%。热等静压制品的相对密度可达99.09%～99.8%。由于坯体密度大、强度高，可以直接进行车削和切割。

② 密度均匀一致　在模压成型中，无论是单向还是双向压制，都会出现压坯密度分布不均的现象，尤其是在压制复杂形状制品时，密度变化可达到10%以上。这是由于粉料与钢模之间的摩擦阻力以及粉体颗粒间的摩擦阻力造成的。而等静压通过流体介质传递压力，在各方向上相等，包套与粉料受压缩程度基本一致，粉料与包套之间几乎没有相对运动，摩擦阻力很小，压力下降梯度一般只有1%以下，因此可以认为坯体密度是均匀的。

③ 适用于复杂形状和长径比制品　由于密度均匀，等静压成型不受长径比限制，特别适合压制形状复杂、大件且细长的先进陶瓷制品。

④ 无需添加润滑剂　等静压成型工艺一般不需要在粉料中添加润滑剂，既减少了对制品的污染，又简化了制造工序。

⑤ 优异性能和高效生产　等静压成型的制品具有优异的性能，烧成收缩小，坯件致密，不易变形，生产周期短，应用范围广泛。

⑥ 灵活的压力调节和多模具操作　可以任意调节成型压力，湿式等静压容器内可同时放入多个模具，并能压制不同形状的坯体，提高了生产的灵活性。

然而，等静压成型也存在设备成本高、湿式成型自动化难度大、生产效率待提升等局限。

### 5.4.5 等静压成型操作规范

以LDJ100/320-300冷等静压机为例，其操作规程如下。

首先，根据制件的压制工艺参数进行压力设定和保压时间设定。压力设定包括压力的上上限、上限、下限和下下限，上上限设置为加压过程中的最大的压力值，上限设置为压制压力的上限，即保压压力。下限设置为压制压力的下限，下下限一般设置为0。上、下限压力之差一般不超过10MPa。设定步骤如下：

① 打开电源 进入使用无纸记录仪界面，电源指示灯亮；

② 同时按“时标”键和向左箭头键进入组态菜单；

③ 按“时标”键进入“报警组态”；

④ 按左、右键移动光标，使“报警值、触电设置”变暗，按“时标”键进入该参数的设置。

⑤ 按左、右键移动光标，按上、下键改变数值大小为自己要设的值，移动到“退出”命令，按“时标”键确认退出，保存所设置的值。

⑥ 根据制件的压制工艺参数在面板上的时间继电器上设置保压时间。

设定好后再检查各项准备工作是否完毕，而后开始如下操作：

① 装制品：移开工作面打开上端盖，将制件放入缸中，关上端盖，用手将机架移进到位。按向左键设置“手动”或“自动”。“手动”设置由用户自己设定保压值，“自动”设置由仪器根据设定的上限压力值自动工作。

② 制品压制过程：“允许加压”指示灯亮，按“加压启动”按钮。“加压”指示灯亮，压机开始加压。当压力达到设定的上限时，进入保压状态，“保压”指示灯亮。保压时间到后，讯响发出声响，旋转手动卸压阀，压机卸压，按“消除时间”按钮以消除时间。

③ 开缸取制品：压力完全卸完后，移开机架，打开上端盖，取出制件，压制结束。

操作过程中需注意如下事项：

① 机架一定要移进到位才能加压（特别注意）；

② 液压站和注油站调压阀不得随意乱动；

③ 在加压过程中发现有漏油现象，立即扳到手动挡按后缸上按钮泄压；

④ 定期检查行程开关是否完好；

⑤ 工作时，应提高安全意识，防止发生危险；

⑥ 定期检查注油站油量，及时添加；

⑦ 人在装取工件时，关闭油泵，防止他人误操作，以确保安全。

### 5.4.6 成型样品测试及分析

① 将等静压成型坯体在车床上车制成一定直径和高度的规范几何形状，用游标卡尺测量其尺寸，并在电子天平上称取其重量。

② 记录成型时设置的参数、记录标准样的重量与尺寸，一并列入表 5-4，计算出坯体密度。

表 5-4 实验结果记录表

| 序号 | 成型上上压力/MPa | 成型下下压力/MPa | 成型上压力/MPa | 成型下压力/MPa | 保压时间/s | 圆柱坯体重量 $G$/g | 圆柱坯体直径 $\phi$/cm | 圆柱坯体高度 $H$/cm | 坯体密度 $d$/(g/cm$^3$) |
|---|---|---|---|---|---|---|---|---|---|
| 1 | | | | | | | | | |
| 2 | | | | | | | | | |
| 3 | | | | | | | | | |
| … | | | | | | | | | |

③ 根据记录数据评价自制的样品，分析原因，得出合理结论。

### 5.4.7 考核评价

此工序总分 10 分，分以下四项评分。熟悉等静压分类、特点及成型设备 2 分；能够正确设置等静压压力和保压时间参数，按照操作规程正确操作 4 分；规范记录实验结果，能够分析实验数据并得出合理结论 3 分；组织纪律（安全、卫生、考勤等）1 分，根据学生具体表现评分。

组长评价 10 分，根据组长能否组织、协调好全组成员做好安全、卫生、纪律等工作，全组成员整体表现情况进行评分。

# 5.5 艺术成型技术

陶艺是我国其中的传统文化瑰宝之一，在古代，外国人称中国为“瓷器之国”。通过艺术成型技术的学习实践，让学生认识陶艺、感受泥土、掌握陶瓷艺术基本技法，使我国陶瓷文化技艺得以继承和发展。

## 5.5.1 实训目的

① 了解中国陶瓷艺术悠久的历史和浓厚的精神内涵，培养学生的文化素养和爱国情怀；

② 了解不同的陶瓷艺术成型方法及感受泥料的性质，掌握泥条盘筑、徒手捏制、泥板成型的制作方法，能够采用这些方法制作陶瓷艺术作品，培养学生理论联系实际和实践动手能力；

③ 初步培养学生的空间想象能力、塑形能力及艺术设计能力，初步形成陶艺作品的评价、鉴赏能力，提升学生的创新、创意能力。

## 5.5.2 艺术成型分类及常用设备工具

### (1) 艺术成型分类

陶瓷艺术的成型手法和装饰手段是陶艺初学者必然要遇到和解决的实际问题，掌握陶艺创作基本技法、要经过一定的专业训练。常用艺术成型方法主要如下。

① 手捏法　手捏法是直接对泥料进行最原始、最简单的成型操作，可强化对泥料性能的基本感觉。

② 泥条法　泥条法是通过泥条来构筑成型的一种艺术成型技法。泥条可由手搓成，也可通过模具挤压成型。泥条的可塑性和干湿度很重要，会影响坯体的性能。泥条盘筑法的作品特点是质朴、流畅，富于变化。

③ 泥板法　泥板成型，是将泥块通过人工或压泥机滚压成泥板，然后再进行成型塑造。由于泥板面积大，不易直立，可以利用一些辅助手法使其成型。泥板法的作品特点是简洁、明快。

④ 拉坯法　已在 5.1 小节中详细介绍。

### (2) 陶瓷艺术成型常用设备和工具

常用设备和工具包括：电动拉坯机、泥板机、木滚、转盘（手轮）、修坯工具（切弦、橡胶板、定型板等）、泥板制作工具（湿布、泥浆钵、木案、木棰）。

## 5.5.3 操作步骤及要领

### (1) 手捏成型实训

如图 5-9 所示，以捏杯练习为例，手捏成型步骤为：①先将泥搓出长条形；②将泥条切成几等份；③调整泥形；④用大拇指开口；⑤手指按逆时针方向用力均匀地挤压泥；⑥另搓一根细泥条；⑦用水将泥条粘在杯体上；⑧用手指将杯把的接合处压紧。

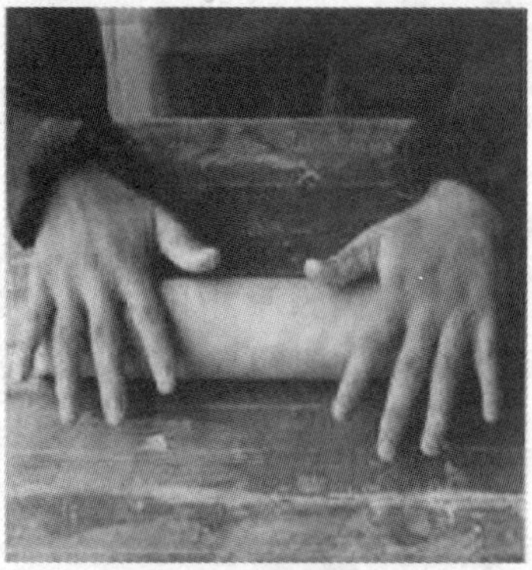

①先将泥搓出长条形

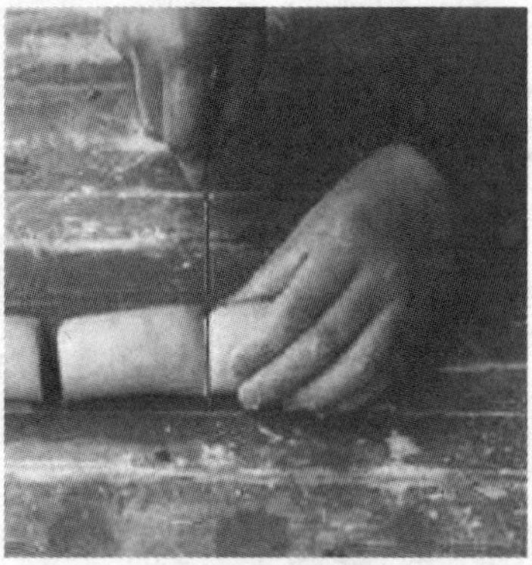

②将泥条切成几等份

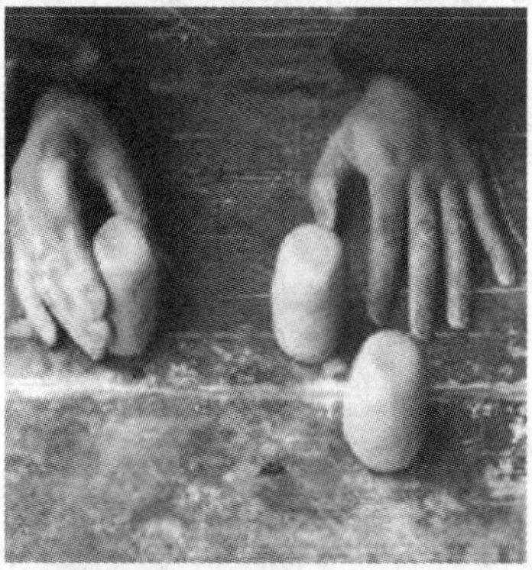

③调整泥形

④用大拇指开口

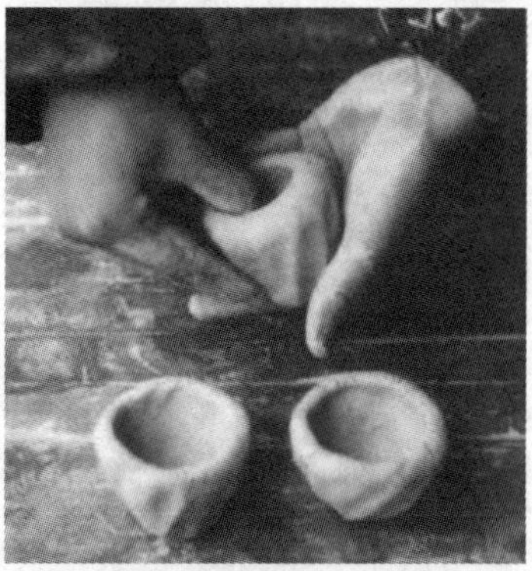

⑤手指按逆时针方向用力均匀地挤压泥

⑥另搓一根细泥条

⑦用水将泥条粘在杯体上

⑧用手指将杯把的接合处压紧

图 5-9　手捏成型示意

（2）泥条盘筑成型实训

泥条盘筑法是运用比较广泛的艺术成型法之一，具有方便、自由弯曲、活泼、变化丰富的特点。仰韶文化时期，我们的祖先就运用了此法，创造出许多相当美观和实用的彩陶造型。至今我国各地民间制作陶瓷大缸时仍选用泥条盘筑的方法来成型。运用泥条盘筑法，创作主要是依靠手指间的功夫，捏印、盘出的作品有一种肌理美，如果在泥里加入色剂，更能增添丰富的视觉效果。

泥条盘筑首先要选好泥，以免在盘筑时发生倒塌。一般选做大缸用的料，因为大缸料里掺加了匣钵粉容易成型。也可选用其他的黏土混合使用。但是要注意作品不宜太大，烧制时温度也不宜过高，控制在1200℃以下即可。

盘出一件较大的陶艺作品，还应具备塑造能力，有了一定的塑造基础，再运用泥条盘筑法进行练习就容易多了，所以平时要加强雕塑基本功训练，只有这样才能盘出理想的陶艺作品来供人们欣赏。

泥条盘筑法的基本过程如下。

① 取适当的泥，拍出所需的形状置于转盘或木板上，泥的下面放一张纸或撒一些干土粉、以免粘住。

② 双手搓出适合的泥条。

③ 用右手提起一端，另一端多余部分搭在左胳膊上，用右拇指和食指挤压，使底座与泥条结合牢固。

④ 均匀地盘捏，一边盘一边观察外型，注意整体协调。

⑤ 大件作品不要一次盘完，盘上一段时间需停下来晾干，若连续往上盘，下部分的泥条不够挺立，作品则容易倒塌。

⑥ 使用木板，轻轻拍打外型，使坯体平整。

⑦ 等作品有了一定硬度时再继续往上盘，越往上越要缓慢、仔细，否则作品倒塌，前功尽弃。

注意：从始至终，盘筑时要保持坯体的干湿程度和连接处的干湿度大致相同，才能把握泥条之间的黏性，利于整个坯体的稳定和保持成型。

以盘罐为例，见图5-10。

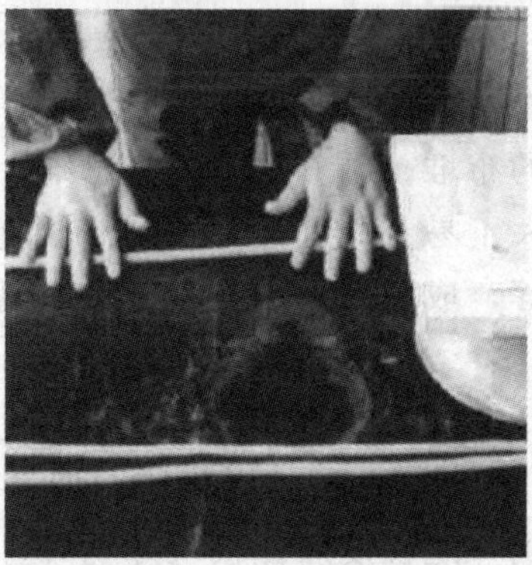
①

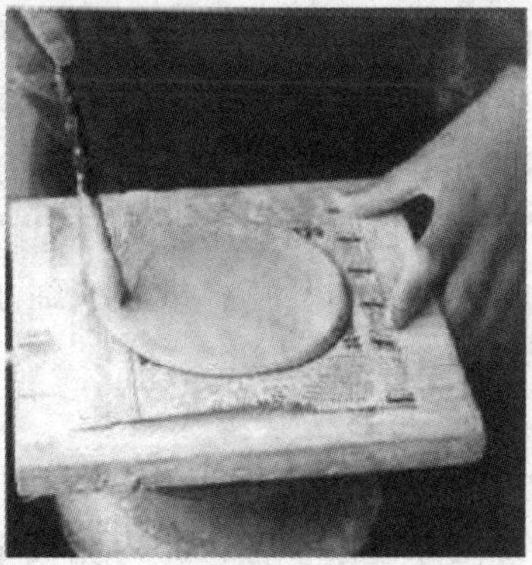
②

图5-10

图 5-10　泥条盘筑法示意

①先把泥条搓好，保持泥条粗细均匀；②把泥条连接在一块事先做好的器底泥片上，并用手指在里面把它压紧；③根据造型再一层层盘高，注意坯体里面抹平，以使泥条之间连接更紧；④盘到一定高度后收口；⑤盘好罐口，做好罐的提手；⑥检查完成的作品。

**（3）泥板成型实训**

泥板成型就是通过用泥板机滚压出的泥板，或者是将泥擀制然后相连接。泥板成型法制作变化丰富，也能与造型结合运用。此法无论是运用于平面或是立体，变化都是非常丰富的。泥板的厚度要按照作品需要而定，有时黏性好的泥能压出很薄的泥片，提起后可随意放下而泥片不出现折断和裂纹，如一堆自然搁放的布堆。顺着这个视觉思维，也能创作出许多好的陶艺作品。在做泥板时面积不宜过大，太大不易直立。另外，制作较复杂的造型时，可借助添加物辅助成型，比如稻草、纸张、绳子等，成型后不用掏出，经高温烧制后，这些辅助物即燃尽。

以方盘为例（图 5-11），其步骤如下。

① 把泥块放在一块布上，然后用滚子从泥块的中心向四周滚压。如对泥板的厚度没有把握，可用木条放在旁边作参考；②待泥板干到一定程度后，按尺寸切好；③在底板上涂上泥浆；④拼接时要用泥条将泥板交接处压紧；⑤完成拼接后，用刀片将边修平；⑥将方盘四周修平整。

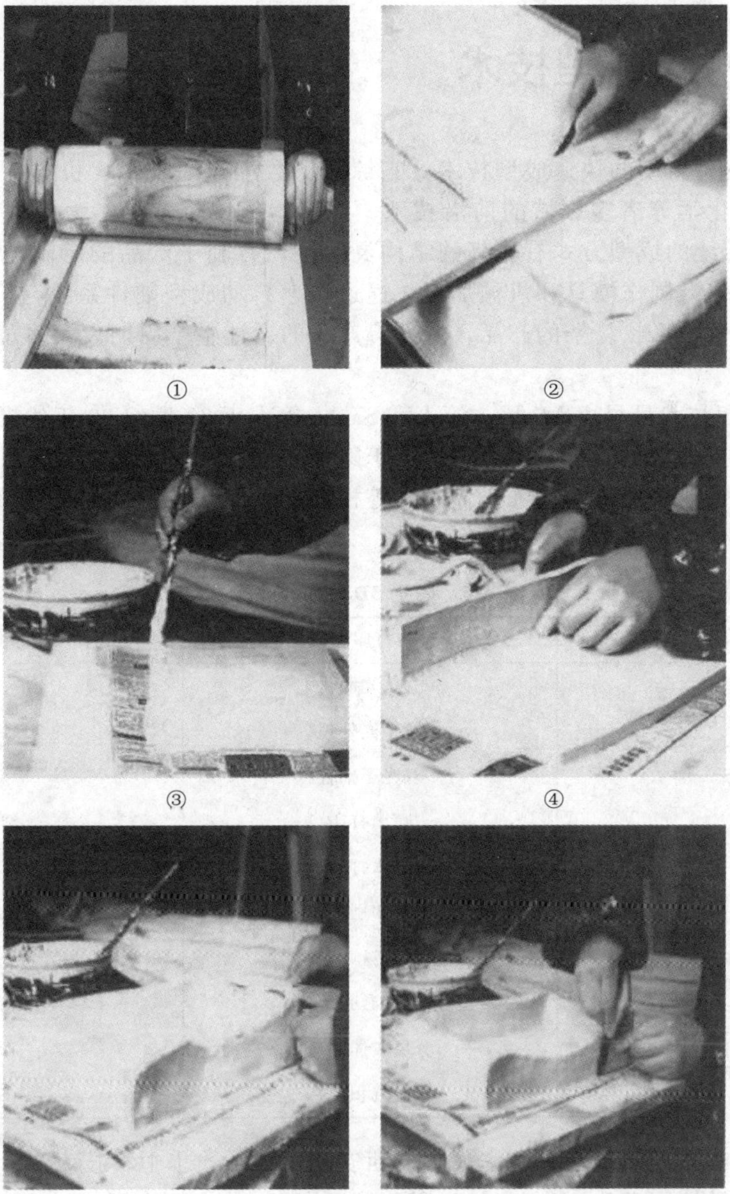

①　②　③　④　⑤　⑥

图 5-11　泥板成型示意

### 5.5.4 考核评价

此工序总分 10 分，分以下四项评分。手捏成型 3 分，根据手捏成型操作及作品质量进行评价给分；泥条盘筑成型 3 分，根据泥条盘筑成型操作及作品质量进行评价给分；泥板成型 3 分，根据泥板成型操作及作品质量进行评价给分；组织纪律（安全、卫生、考勤等）1 分，根据学生具体表现评分。

组长评价 10 分，根据组长能否组织、协调好全组成员做好安全、卫生、纪律等工作，全组成员整体表现情况进行评分。

## 5.6 3D 打印成型技术

3D 打印是一种新型的快速成型技术，它综合了数字建模技术、机电控制技术、信息技术、材料科学与化学等诸多领域的前沿技术，涉及的领域较多。作为一种无模具的成型方式，3D 打印比传统的成型方式有更高的结构灵活性，有利于产品的定制化制造及提高产品的性能。它无需先行制作模具和机械加工，通过快速自动成型硬件系统与 CAD 软件模型结合就能够制造出各种形状复杂的产品，这使得产品的设计生产周期大大缩短，生产成本大幅下降。

陶瓷 3D 打印技术最早由 Marcus 等人和 Sachs 等人于 20 世纪 90 年代提出。随着材料和计算机等科学和技术水平的不断提升，适用于陶瓷零件制造的 3D 打印工艺研究也得到了长足发展，其门类也越来越丰富。陈张伟教授等根据材料的存在形式对陶瓷 3D 打印技术进行了分类论述，具体见表 5-5。

**表 5-5　陶瓷 3D 打印技术分类**

| 基础材料形式 | 陶瓷 3D 打印工艺类型 | 缩写 |
|---|---|---|
| 液态 | 立体光固化 | SL |
| | 数字光处理 | DLP |
| | 双光子聚合 | TPP |
| | 喷墨打印 | LJP |
| | 直接墨水打印成型 | DIW |
| 粉体 | 三维印刷打印 | 3DP |
| | 选择性激光烧结 | SLS |
| | 选择性激光熔化 | SLM |
| 块体 | 分层实体制造 | LOM |
| | 熔融沉积制造 | FDM |

自 20 世纪 90 年代初以来，清华大学、西安交通大学、华中科技大学、北京航空航天大学、西北工业大学等国内 50 多所高校和科研院所在 3D 打印材料技术方面进行了积极探索，主要涉及航空、机械、医疗、生物、模具、汽车、军工等领域。赛隆公司、三迪时空集团有限公司、三帝科技等企业则在进行 3D 打印机及 3D 打印技术的研发生产。

3D 陶瓷打印技术能满足小批量陶瓷设计与个性化定制产品的需求。3D 陶瓷打印技术不仅可以制作出形态各异的陶瓷产品，还可以异地打印，只需要计算机模型文件，就可以高速、便捷地制作产品。作为一种全新的制造方式，3D 打印技术正在悄然改变着我们的生产生活方式，也将引领第三次工业革命，掌握 3D 打印技术也就意味着掌握了未来制造的主动权。

我国创新驱动发展战略要求高校培养的学生应该具有创新精神、创业意识和创新创业能力，未来能为国家创新驱动发展作出贡献。开展陶瓷 3D 成型技术的实训正好迎合这一需求，对培养创新型人才和提升我国传统陶瓷产品的品质有着重要的意义。

### 5.6.1 实训目的

学生在了解传统成型工艺过程的基础上，学习最新的陶瓷3D打印技术的原理和特点，以及陶瓷3D打印对传统工艺的改变，培养学生利用新技术去解决问题的能力。通过实际操作，理解陶瓷3D打印可应用于哪些流程，具有哪些要点，能够帮助传统陶瓷制造解决哪些问题，加强学生对新技术的好奇心，激发学习欲望，同时在大学生双创等活动中，发挥出快速制造技术的优势，培养学生工程实践能力、体验工程文化、进而培养创新思维和综合素质。

要求学生通过本实训项目的学习：

① 了解3D打印技术发展现状及前景；

② 了解3D打印技术的成型原理及成型技术；

③ 了解3D打印机的结构组成，掌握3D打印的步骤，并打印简单作品。

### 5.6.2 3D打印成型设备及基本工艺流程

目前常见的3D陶瓷打印技术为LDM（liquid deposit modeling）3D打印技术，即液态沉积成型技术。其工艺原理是将陶瓷泥料用挤出机或毛细血管流变仪做成丝，按照设计的模型文件挤制一层，沉积一层，层层叠加打印得到一定形状的生坯。该工艺能够满足多种陶瓷材料的3D打印成型，而且精度较高，设备操作简单，成本较低，是目前研究较多，较为成熟的一种3D打印陶瓷材料成型技术。由该技术制备的专用3D设备具有结构简单、成本较低、易于控制，特别适用于传统陶瓷的成型和制作，设备原理与热融沉积3D打印技术相似，只是将原料换成泥料，利用泥条挤压以及类似泥条盘筑的方式，层层的叠加形成立体造型，利用气压将泥料送入挤出机内，通过挤出机内部的螺杆顺时针或逆时针的旋转控制泥料的挤出与中断，挤出头沿着$X$轴与$Y$轴运动，打印平台沿着$Z$轴运动，3轴同步运行并且结合挤出机的出料，泥料一层一层的挤压黏接，泥料与空气接触后的自然干燥形成一定的强度形成立体的造型。如图5-12所示，为液态沉积型SYNO-Source-3040陶瓷3D打印机。

图5-12 SYNO-Source-3040陶瓷3D打印机

陶瓷3D打印的基本工艺流程见图5-13。

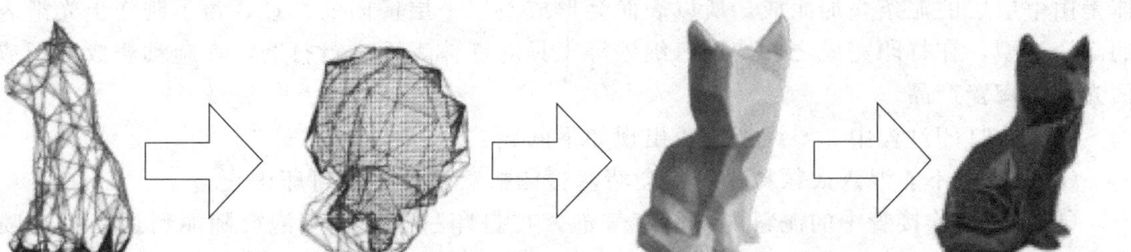


图5-13 陶瓷3D打印的基本工艺流程

国内外 LDM 打印设备的研制在快速地发展，国内主要研发生产液态沉积式 3D 打印设备的制造厂商有湖南源创高科工业技术有限公司、厦门斯玛特公司、山东中科智能设备有限公司。

### 5.6.3 操作步骤及要领

陶瓷造型 3D 成型制备过程通常如下。

（1）造型打印前打印机的准备工作

将通过切片处理后的模型文件导入打印机内，然后开始进行打印机打印前的准备工作，装入真空的泥料，调整气压将泥料推入挤出机内，气体压力与输泥料的管长有关，泥管越长推动泥料所需要的推力越强，压力就要越高，调整范围是在 0.3～0.7kPa。推料气压对于陶瓷 3D 打印的影响比较大，压力较小推力不足的情况下，挤出的泥料会出现明显的断裂，影响打印的进行，压力过高的情况下，挤出泥料流量会加大，影响陶瓷造型打印的精度，并会对打印机的接口部件产生一定的损伤。使用铺有塑料薄膜的平板作为打印造型的平面方便将打印成型的坯体移动，陶瓷坯体在干燥过程中会出现收缩的现象，因此打印成型的坯体在与平面接触的坯体底面会产生收缩的力，在打印有内部填充的陶瓷造型时使用的铺底为轻质吸水的纸张。

（2）陶瓷造型 3D 打印成型过程

在陶瓷造型开始打印之前，打印机挤出头会自动归于原点，从原点开始运行打印的操作，将会在造型的第一层外部打印出一圈泥条，通过观察出泥的顺畅程度来看气压是否稳定，挤出头与打印平台距离是否合适。然后正式开始打印成型的过程，底部的打印是外形环绕内部直线填充每层之间直线填充方向是 90°。通过螺杆的转动控制打印平台的下降，一圈一圈的线条排列上升，从而堆叠成立体造型。在打印过程中可以调整的打印参数是打印的速度和出泥流量的大小，速度的调整主要用于精度的打印以及高度造型在打印进行到一定的高度时通过降低打印速度减小给予坯体的晃动，避免晃动使得坯体倾倒。出泥流量的控制是为了控制整体造型的密度，在底部的填充打印过程中以及底部与侧壁衔接处加大出泥流量可以使得底部更为紧实，不易发生开裂以及变形的现象，在打印制作带有精致花纹造型时可以略微降低出泥流量，使得线条花纹更为均匀清晰。

（3）打印成型的坯体修整与烧成

陶瓷 3D 打印成型的造型是泥质的坯体，还需要经过烧成的工艺变成陶瓷制品。因为坯体是由一层层的泥条叠加而成，所以表面会形成一层一层横向的纹理，为了制作出光滑表面的陶瓷造型，在打印完成之后使用海绵砂等工具对坯体表面进行打磨，在施釉烧成后形成表面光洁的陶瓷产品。

在整个打印过程中，要注意避免出现如下问题：

① 泥料中不能混入大颗粒，否则会堵塞打印机喷头，迫使打印中止。

② 料筒及连接管中的泥料内不能有气泡，在打印过程中，气泡会随泥料运动到达喷头产生气流冲击，致使已成型部分遭到破坏，打印中止不能连续。

③ 打印若有中断，一定要保持喷头、接口等处的密封性，保持泥料的湿度，避免泥料变干变硬致使不能正常打印。

### 5.6.4 后续处理工艺

3D 打印出来的坯体，一般需要进行修坯、上釉、干燥、烧成等后续操作。充分考虑坯体配方、成型形状和尺寸等因素，选择合适的干燥方式和烧成方式及选用相应的干燥和烧成设备，确定合理的干燥制度和烧成制度进行干燥烧成。

### 5.6.5 考核评价

此工序总分 10 分，分以下四项评分。打印物料的制备及优化 2 分，根据物料配方设计的合理性，物料的黏度、稳定性、流变性等性能评价给分；3D 打印操作 5 分，根据操作过程中参数的控制、成型的精度、成型过程问题解决（处理堵头、层裂等故障）等实践操作进行评价给分；后续处理工艺 2 分，根据修坯、上釉等操作，及干燥、烧成制度的合理性进行评价给分；组织纪律（安全、卫生、考勤等）1 分，根据学生具体表现评分。

组长评价 10 分，根据组长能否组织、协调好全组成员做好安全、卫生、纪律等工作，全组成员整体表现情况进行评分。

# 第 6 章

# 陶瓷装饰技术实训

陶瓷装饰是用工艺技术和装饰材料美化陶瓷制品的重要手段。它对提高制品的外观质量，丰富人们的日常生活起着积极有效的作用。同时赋予了陶瓷制品更多的时代精神和文化内涵。

陶瓷装饰可分为空间造型和色彩表现技术两方面。陶瓷之美，首先表现在千姿百态造型上，或刚健、或柔婉、或庄重、或嬉俏、或玲珑、或恢宏、或典雅、或朴拙，形态各异且风情万种，让所有爱美之人不禁心向往之。陶瓷之美，其次还表现在无与伦比的色彩上，或纯白如霜，或翠绿如松，或嫩黄如金，或青如夏梅，或蓝如穹空，或黑如钨金，如间杂呈色，则更异彩纷呈，斗艳争奇。

空间造型一般归属于成型工艺（参见第 5 章）。作为陶瓷装饰的空间造型是指通过雕塑、剔花、刻花、堆花、镂空、浮雕与塑造等手段，将坯胎表面处理成具有空间感的、多层次的变化效果；其属性更多是在艺术范畴内，本教材不赘述。本章节涉及的色彩表现技术，包括坯体装饰、色釉装饰、贴花装饰和彩绘装饰技术等，是工、艺、技相结合的表现技术。

坯体装饰色釉装饰是在坯体或釉中加入适量的陶瓷着色剂，经过烧成后达到五彩斑斓的装饰效果，具有艺术化和功能化的特点。彩绘装饰是利用各种陶瓷专用颜料在烧成或未烧的釉面或坯体表面进行彩绘、贴花或喷绘等工艺进行装饰，经过一定温度烧烤后达到色彩光润、艺术性强的装饰效果。将两种或两种以上不同属性的装饰形式体现于一件完整的陶瓷作品之中的装饰，称之为“综合装饰”，可以尽情自由地施展自己的创作构想，又使多种装饰工艺和技术各臻其妙、各显神采、相互映衬，派生出了多种多样具有赏心悦目的综合艺术效果和意趣横生的艺术魅力的新生代装饰技术和技法。

## 6.1 实训目的

陶瓷装饰是一种融合艺术与技艺的实践，对于提升学生的艺术素养、专业技能和职业精神具有重要意义。本次实训旨在达成以下目的。

**（1）深化专业认知，夯实知识基础**

熟悉陶瓷装饰材料、陶瓷装饰技法及相关理论知识是开展陶瓷装饰实践的前提。通过资料查阅和理论学习，使学生能够全面了解各类陶瓷装饰材料的特性、适用范围以及不同装饰技法的历史渊源、操作要点。例如，了解釉上彩、釉下彩等技法在色彩表现、烧制温度等方面的差异，为后续的实践操作提供坚实的理论支撑，使学生在面对实际项目时能够作出科学合理的材料与技法选择。

**（2）强化实践技能，提升操作水平**

熟悉常用装饰技法只是第一步，亲自动手进行陶瓷装饰并检验装饰效果才是将知识转化为技能的关键环节。在实训过程中，学生将运用所学的装饰技法在陶瓷坯体上进行创作。通过不断地实践操作，学生能够熟练掌握各种技法的操作技巧，提高手眼身的协调性及对工具的运用能力。同时，通过对比不同装饰技法所产生的实际效果，学生能够总结经验教训，不断优化自己的操作流程，提升装饰作品的质量和艺术水准。

（3）培养艺术思维，激发创新能力

陶瓷装饰不仅是一门技术，更是一种艺术表达形式。通过陶瓷装饰实践，旨在初步培养学生结构造型的立体思维，让他们能够突破二维平面的限制，在三维空间中构思和构建作品的形态。例如，在手塑制作陶瓷摆件时，学生需要考虑作品的整体比例、立体感和空间层次，通过合理的结构设计使作品更加生动逼真。同时，引导学生掌握色彩搭配的视觉逻辑，使他们能够根据作品的主题和风格，运用色彩的对比、调和等原理，营造出和谐、富有感染力的视觉效果。此外，激发学生的创意创新意识也是本次实训的重要目标之一。鼓励学生大胆突破传统思维的束缚，结合现代艺术理念和生活实际，提出新颖独特的设计方案，使陶瓷装饰作品既具有传统文化的韵味，又富有时代气息。最终，全面提升学生作品艺术表现力的综合审美素养，让学生能够从多个角度欣赏和评价陶瓷装饰作品，提高自身的艺术鉴赏能力。

（4）塑造职业精神，锤炼意志品质

陶瓷装饰是一项需要耐心、专注和坚持的工作，每一个环节都需要工匠般的严谨态度。在实训过程中，我们注重培养学生一丝不苟、精益求精、一以贯之的工匠精神。从陶瓷坯体的制作到装饰图案的设计，再到最后的烧制成型，每一个步骤都容不得半点马虎。学生需要反复打磨每一个细节，追求极致的完美。同时，面对实训过程中可能出现的各种困难和挫折，如装饰效果不理想、烧制失败等，学生需要保持耐心和专注，坚持不懈地尝试和改进。通过这样的实践锻炼，学生能够逐渐养成坚韧不拔的意志品质，为今后的职业发展奠定坚实的基础。

## 6.2 陶瓷颜料的发色

陶瓷颜料是指在陶瓷制品上使用的颜料的统称，它包括釉上、釉下以及使釉料和坯体着色的颜料。陶瓷颜料的发色决定了制品的色彩表现和最终装饰效果。

### 6.2.1 陶瓷颜料发色机理

物体的显色是由于它对可见光发生选择性的吸收和选择性的反射所致。凡能使陶瓷坯、釉具有对可见光选择性吸收和反射的物质均可制成色料。这些物质有两大类，即形成离子着色和晶体着色的过渡金属和稀土金属的化合物（主要是氧化物），以及能形成胶体微粒着色的少数过渡金属和贵金属。

（1）电子跃迁机理

过渡元素与稀土元素发色离子的发色原因，是由于过渡元素离子都具有 $4S^{1-2}3d^{x}$ 型电子结构，稀土元素离子具有 $6S^{1-2}5d^{1-8}4f^{x}$ 型电子结构，它们最外层的 S 层和次外层的 d 层，甚至第三层的 f 层上有未充满电子。这些未成对的电子很不稳定，容易从各层的次亚层轨道间发生跃迁。跃迁就是这些未成对电子受可见光波的激发，从能量低（$E_1$）轨道跃迁至能量高（$E_2$）轨道，即从基态激发到激发态所致。因此，只要基态与激发态之间的能量差（$\Delta E=E_2-E_1=h\nu$）处于可见光波能量范围内时，相应波长的单色光即被吸收而呈现补色颜色。例如：$Co^{3+}$（$3d^3$）吸收绿光以外的色光，强烈反射绿光故显绿色；$V^{4+}$（$3d^1$）反射蓝光显蓝色；$V^{3+}$（$3d^2$）显绿色；$Ti^{3+}$（$3d^1$）显蓝紫色；$Fe^{2+}$（$3d^6$）显绿色；$Fe^{3+}$（$3d^5$）为黄色；$Cu^{2+}$（$3d^9$）为蓝色等。

陶瓷颜料的发色机理是一个复杂的物理化学过程，涉及材料成分、晶体结构、烧成条件等多种因素的相互作用。离子种类、价态、配位数（如八面体或四面体配位）、熔剂的性质、釉料的类型、烧成制度等因素都将导致颜色发生变化。

（2）纳米颗粒散射机理

胶体发色的主要机理是金属或金属氧化物以纳米级胶体颗粒（<100nm）分散在釉玻璃相中，通过表面等离子体共振（SPR）或米氏散射（Mie 散射）产生颜色。典型的胶体发色颜色如：金胶体（Au），红色或紫色（如胭脂红釉）；银胶体（Ag），黄色；氧化铜胶体（CuO）：红色（如钧窑的“窑变红”）。

影响胶体发色的主要因素有：颗粒尺寸、形状、分散度及釉的折射率。

### 6.2.2 影响发色的工艺因素

（1）烧成条件的影响

许多着色氧化物的呈色明显受温度的影响。如氧化铁在氧化气氛下 800℃以内呈赤褐色或鲜红色，800℃以上增加黑的色调，至 1200℃甚至出现黑褐色。锰的氧化物低温时呈紫色，且比较稳定，加热至 1200℃常褪色。锑在 1000℃以下与铅共用时为良好的黄色色剂，1100℃以上则褪色。

烧成气氛对变价离子的着色影响较大，一般来说，氧化气氛（富氧）下金属离子保持高价态的发色（如 $Fe^{3+}$→黄褐色，$Cu^{2+}$→绿色）；还原气氛（缺氧）时，金属离子被还原成低价态离子（如 $Fe^{2+}$→青色，$Cu^{+}$→红色）。有的陶瓷颜料品种对烧成气氛不敏感，如镨锆黄在氧化及还原气氛中均呈柠檬黄色，锑锡灰均呈灰色，钕硅紫均呈丁香紫色。陶瓷颜料呈色与气氛的关系是复杂的，值得系统研究。气氛会改变着色离子的价态、影响着色离子在母体矿物中固熔的程度或着色化合物的稳定性，这些都有可能使色剂的呈色发生变化。

（2）基础釉成分及坯釉的相互作用

釉料中的成分（如 CaO、$K_2O$）会改变釉的酸碱度，一般来说，在酸性强的熔剂中，发色离子有利于向低价态转变；而在强碱性熔剂中，有利于发色离子向高价态转变。基础釉的组成不同也会影响着色离子的配位数，因配位多面体不一致，配位场分裂能不同，吸收光波波长不一样，从而导致颜色变化。坯体中的某些成分（如 Fe、Ti 等）可能扩散至釉层，影响颜色（如青瓷的“紫口铁足”现象）。

（3）釉层结构与光学效应

釉层厚度影响光的透射和反射，过薄可能显色不饱和，过厚导致颜色暗沉。如果施加多层釉，不同釉层叠加可产生干涉色或虹彩效应（如建盏的油滴、兔毫纹）。此外，釉的乳浊与透明对呈色也有影响，乳浊釉（含 $SnO_2$、$ZrO_2$ 等乳浊剂）散射光增强，颜色柔和；色料在透明釉中显色更鲜艳。

总之，陶瓷颜色的发色是成分、结构、工艺协同作用的结果。现代色料开发通过纳米技术、包裹工艺和晶体设计，进一步扩展了陶瓷颜色的表现力。在实际生产中，需通过配方优化和烧成制度调控，实现颜色的精准控制。

# 6.3 陶瓷坯釉装饰技术

## 6.3.1 陶瓷坯体装饰技术

（1）坯体雕塑

陶瓷雕塑（ceramic sculpture）是以陶瓷作为材料，通过雕刻、塑造和烧制等工艺技术创作而成的艺术品。陶瓷雕塑结合了陶瓷材料的特性和艺术家的创作想法，形成了独特的形态、纹理和表现力。

陶瓷雕塑作为一种艺术形式，可以表现出丰富多样的主题、风格和表现手法。它们可以是抽象的、现实的、寓言的，或是表达情感、思想和文化的载体。陶瓷雕塑常见于雕塑艺术、装饰艺术和手工艺品市场。

（2）色坯与化妆土

① 色坯

色坯是使陶瓷坯体整体着色的装饰法。它的着色机理是着色氧化物与坯料中 $Al_2O_3$、$SiO_2$ 形成着色铝酸盐、硅酸盐与铝硅酸盐等，最后这些盐类与坯料成分结合成均匀的带色体。色坯也可用色料着色，色料的加入量随着色料的发色能力与色调深浅要求而异。一般约外加 1%～10%，有时也可高达 15%或低于 1%。当色坯中色料加入量不多时，坯料的性能不会改变。但若色料加入量过多时，坯料的可塑性、结合性以及干燥性能等可能发生显著变化。色料的细度与色料、坯料混合均匀性影响着色坯的装饰效果。当色料细度不足与混合不均匀时，将引起着色不均匀，甚至表面出现“色斑”。通常色坯料须在湿球磨中粉碎到万孔筛筛余 0.1%～0.5%左右并同时完成混合操作，为了防止过分细磨并提高球磨效率，应先将色料球磨到一定细度（根据色料实际情况定）后再混入坯料进行球磨。

② 化妆土

化妆土装饰与色坯不同在于前者只使坯体表面着色。因此，化妆土装饰的坯体是由两层泥层构成，表面一层为厚度较薄的着色泥层——即化妆土层或称盖面浆层。化妆土色坯料的制备方法与色坯相同。

覆盖化妆土层的方法通常用浸渍法、浇注或喷涂法。而注浆坯体则可先往模型中浇注着色化妆土泥浆，然后再浇入坯料泥浆直到达到所要求的坯体壁厚时为止。各种色化妆土是以坯泥 100%计，外加色料与透明釉，根据着色深浅调整色料的比例，根据化妆土与坯釉料的附着力调整透明釉的比例，将配料入球磨机湿混合若干小时，直至混合均匀，即可上色，上色后进行素烧及釉烧。

### 6.3.2 陶瓷釉装饰技术

（1）颜色釉

颜色釉装饰在陶瓷制品装饰中占有相当重要的地位。颜色釉装饰法操作方便，价格低廉，不仅具有装饰效果，还可以遮盖不美观的坯体。

颜色釉主要是指在陶瓷基础釉中加入着色剂（着色氧化物、着色矿物、色料等），在一定温度与气氛中烧成，呈现出不同色泽的釉。

（2）艺术釉

艺术釉是在颜色釉的基础上，采用专门的工艺方法，以增加釉面艺术效果的一类釉。它广泛装饰于日用陶瓷、陈设瓷和建筑陶瓷，增加了陶瓷产品的艺术感染力和产品的附加值。如结晶釉、天目釉、油滴釉、裂纹釉、无光釉、乳浊釉、变色釉等。

### 6.3.3 陶瓷坯釉装饰技术操作与考核

制备具有良好装饰效果的坯、釉，需要根据坯釉基础原理、选用原料进行配方设计，实验确定制备工艺，其操作与考核与第 3 章的相关内容类同，此处不再赘述。

## 6.4 陶瓷贴花装饰技术

陶瓷贴花是一种常见的陶瓷装饰工艺，通过将预先设计好的花纸图案转移到陶瓷坯体或釉面上，经烧制后形成精美装饰。

### 6.4.1 贴花前准备工作

① 主要材料的准备。包括陶瓷贴花纸（水转印贴花、釉上/釉下贴花纸，根据需要选择）、陶瓷坯体（素坯、釉坯或已烧制的白瓷）、透明釉（若需釉下贴花或保护层）。

② 工具的准备。准备好清洁工具（软布、海绵、酒精），和辅助工具（剪刀、镊子、软毛刷、刮片、喷壶等）。

③ 环境卫生整理。要求操作台面平整、无尘；手部清洁干净，避免油污污染坯体或贴花。

### 6.4.2 操作步骤

（1）清洁表面

用软布或海绵蘸清水或少量酒精擦拭坯体或釉面，去除灰尘、油渍，确保表面干净。

（2）裁剪贴花纸

根据设计需求，用剪刀将贴花纸剪成所需形状（可略大于图案边缘）。

（3）浸泡贴花纸（小膜花纸）

将剪好的贴花纸放入清水中浸泡约 10～30s（具体时间参考贴花纸说明书）。当贴花纸背面的纸基开始松动（图案可滑动）时取出，轻轻甩掉多余水分。

（4）转移贴花

分釉上贴花、湿坯贴花、干坯贴花三种情况介绍。

① 釉上贴花（大膜花纸）

釉上薄膜贴花纸使用方法比较简单，把10%～50%的酒精涂于瓷器上，再把剪下来的朵花贴在涂有酒精的地方，用橡皮刮板把花纸刮平刮实。

② 湿坯贴花

将剪好的贴花纸贴在七、八成干的坯上，由于湿坯还含有充分的水分，能够掺入花纸内使印料起溶解作用。从而与纸面分离，同时印在纸面上的画面颜料又受到坯体的吸附作用而粘附在坯体上。

花纸贴上坯胎后，一般只需过1～2min印料溶解就可将纸揭去。如花纸已经干燥，在揭纸前，先用毛笔沾水在纸背上刷一或两次即可揭起。但沾上的水份不可过多，以刚好能够湿透贴花纸为度，太多的水份会使贴花的花纹模糊不清，影响陶瓷彩绘质量。

③ 干坯贴花

干坯自身的水份已经全部被蒸发，贴花前，必须用毛笔沾水在坯体上需要贴花纸的位置上刷上一至三次，再贴上花纸，再用毛笔沾水在纸的背面均匀地再刷水一次，并进行按擦、轻压使花面和坯体紧密地粘合，然后再刷水一次即可揭纸。如果发现还有没有脱纸的花纹，可仍将纸铺上，在纸背刷一点水，再按压一下，缓缓地将纸揭起。

贴花技巧：a. 贴合时轻压，不可用力过大；抽离底纸需缓慢，一手按住图案，另一手从边缘轻轻揭去底纸，确保图案完全留在坯体上。b. 可用镊子辅助调整位置，避免直接用手触碰图案。c. 用软毛刷或刮片从图案中心向边缘轻扫，排出水分和气泡。若贴纸边缘翘起，可蘸少量清水湿润后再次按压。

（5）干燥

自然阴干12～24h（避免阳光直射或强风，防止开裂）。干燥后检查贴花是否完全贴合，无翘边。

（6）检查与修正

干燥后如有细小裂纹或未贴合处，可用清水局部润湿后重新按压。釉下贴花需在贴花后施透明釉覆盖（根据工艺要求选择是否上釉）。

（7）烧成

釉下贴花需在高温下烧成，通常烧成温度在1200～1330℃，气氛控制根据产品需求调整。釉上贴花进炉经730～850℃温度下彩烤即成。烧成制度参数需严格遵循贴花纸和釉料的温度要求，避免颜色失真或脱落。

### 6.4.3 常见问题及注意事项

（1）常见问题的解决

① 贴花起皱　浸泡时间过长或水分过多，需控制浸泡时间和湿度。

② 图案脱落 坯体未清洁干净或烧制温度不足。

③ 颜色失真 烧制温度过高或釉料配方不匹配。

（2）操作注意事项

① 选择花纸时需注意釉上贴花色彩鲜艳但耐磨性差；釉下贴花更耐用但因需高温烧成，颜色不如釉上贴花的色彩丰富，选用的花纸还需注意与坯体的烧成温度匹配。

② 坯体或瓷器上的余液及灰尘必须用毛巾抹净，以防冲金、朦金等缺陷产生。

③ 配制粘贴液必须按季节气候及薄膜的厚度，适当调整酒精和水的配比；膜层下多余的粘贴液必须排除，否则花纸不平整，呈现皱纹，在烤烧中会产生爆花。

④ 操作细节时需避免反复移动贴花纸，以免图案撕裂；贴花需将气泡排尽，如果未排尽会导致烧制后图案缺损；釉上贴花烧制前勿触摸图案，防止油脂污染。

⑤ 干燥后，如发现膜层有气泡，必须用针尖刺破并再涂一次浓酒精液，以排除空气，防止爆花。

⑥ 操作时酒精液不宜敞放，坚持勤添少加，以防酒精挥发。贴花操作时因有大量有机物挥发，烤花时有大量有害气体产生，操作区域应有排风设备，保持通风良好。釉上贴花所用熔剂如果含有铅、镉等有害离子时需注意防护，避免直接接触食物容器。

生产视频：贴花操作

⑦ 初学者建议先用废坯或废瓷上练习，熟练掌握后再进行正式生产。

### 6.4.4 考核评价

此工序总分 10 分，分以下四项评分。能识别花纸种类、能准备花纸附着剂、剪刀、刮板、水、盘等工具 1 分；能掌握花纸浸泡时间，识别花纸质量，能在盘碟类或平缓器型上按工艺要求在适当位置进行贴花，按工艺要求将花纸贴准、贴实、刮平、不变形，6 分，根据实践操作的准确性及熟练程度打分；贴花样品质量，能修复出现的接缝、起泡等质量问题 2 分，根据贴花位置的准确性、样品质量及缺陷修复进行评分；组织纪律（安全、卫生、考勤等）1 分，根据学生具体表现评分。

组长评价 10 分，根据组长能否组织、协调好全组成员做好安全、卫生、纪律等工作，全组成员整体表现情况进行评分。

## 6.5 彩绘装饰技术

陶瓷彩绘是陶瓷装饰的重要工艺，通过颜料在坯体或釉面上的绘制，赋予陶瓷独特的艺术表现。

### 6.5.1 陶瓷彩绘分类

（1）釉下彩（under-glaze decoration）

釉下彩绘是在素烧坯或未烧的坯体上进行彩绘，然后施上一层透明釉，高温（1200～

1400℃）烧成。釉下彩绘的画面光亮柔和，不变色，耐腐蚀，不磨损。但是由于釉下彩绘的画面与色调不如釉上彩丰富多彩，以及不易机械化等原因，在一定程度上限制了其应用范围。这种装饰方法创始于唐代长沙窑，宋代磁州窑继承了这个传统，元代以后景德镇予以发展。

釉下彩绘所用彩料是由颜料、熔剂与描绘剂等组成的。熔剂指能使陶瓷颜料在高温烧成后黏附在坯体上的组分，常用的有釉料、长石等熔剂。描绘剂是指在彩绘时能使陶瓷颜料展开的组分，如茶汁、阿拉伯树胶、甘油与水、牛胶与水、糖汁与水、乳香油与松节油等。

具有代表性的常用釉下彩有：青花、釉里红、釉下五彩、青花釉里红等。

（2）釉上彩（over-glaze decoration）

在釉烧过的釉面上用低温颜料进行彩绘，然后在不高的温度下进行彩烧的方法称为釉上彩。釉上彩的彩烧温度低，许多陶瓷颜料都可采用，故色调极其丰富多彩。此外，彩绘是在强度高的陶瓷釉面上进行的，因而除手工绘画外，其他装饰法均可采用，故生产效率高，劳动强度低，生产成本低。

釉上彩绘技术系一种用笔墨点上彩料在器皿上绘制图案的方法，应用极为普遍。依据所用彩料和绘画技艺的不同可分为古彩（也称五彩）、粉彩和新彩三种。古彩和粉彩为我国创造发明，景德镇的这类产品闻名世界。古彩按国画特色绘制画面，用不同粗细线条来构成图案，且线条刚劲有力，用色较浓且有强烈的对比特点。彩烧温度较高，彩烧后色面坚硬耐磨，色彩经久不变，特别是矾红彩料，使用年代越长，则越红亮可爱。但古彩彩料种类少，故色调变化不够多，在艺术表现上有一定局限性。粉彩是由古彩发展来的，它与古彩在技艺上的不同点在于，粉彩在填色前，须将类似花朵及人物衣着等要求凸起的部分先涂上一层玻璃白，然后在涂玻璃白上再渲染各种料粉使之显出深浅阴阳之感，视之有立体感的。但技术要求高，具有画面龟裂及铅溶出量大等缺点。新彩从国外传入，因采用进口彩料易使画面具有西洋风格而得名。它采用人工合成的色料，烧成温度较宽，配色可能性大，色彩种类极为丰富，成本低，是一般日用陶瓷普遍采用的一种彩绘方法。

（3）釉中彩（mid-glaze decoration）

釉中彩又名高温快烧颜料。是20世纪70年代发展起来的一种新的装饰材料和方法。这种陶瓷颜料的熔剂成分不含铅，是在陶瓷釉面上进行彩绘后，在1060～1250℃下快速烤烧而成（一般在最高温度阶段不超过30min）。在高温快烧的条件下，制品釉面软化熔融，使陶瓷颜料渗透到釉层内部，冷却后釉面封闭，颜料便自然地沉在釉中，具有釉中彩的实际效果。这种装饰方法降低了釉对彩料的侵蚀，故彩料的品种增多，克服了釉下彩因彩料品种不多，画面与色调不如釉上彩丰富的局限性。另外，釉中彩有釉面的保护，提高了画面的耐酸碱性和耐磨性能。它兼有釉上、釉下装饰的优点，所用颜料和新彩相似，但相互之间不能任意覆盖。

### 6.5.2 彩绘工具与材料

常用的彩绘工具与材料及其用途如表6-1所示。

表 6-1 常用彩绘工具与材料及其用途

| 类别 | 工具/材料 | 用途 |
|---|---|---|
| 画笔 | 狼毫笔、羊毫笔、鸡头笔 | 勾线、填色、分水等 |
| 颜料 | 釉下彩料、釉上彩料、金水 | 基础着色、金属装饰 |
| 调和剂 | 乳香油、樟脑油、桃胶、清水 | 调节颜料黏度、晕染 |
| 辅助工具 | 转印纸、海绵、调色盘、料碟 | 图案转印、清洁、调色 |

### 6.5.3 釉下青花彩绘

(1) 坯体准备

素坯处理：清洁干燥的坯体（生坯或素烧坯）表面，用海绵或软布去除浮尘。

补水：用毛笔蘸清水轻刷坯体表面，填补细小气孔，可使颜料附着均匀。

(2) 作图和升图

将在纸上绘制的设计图样，在坯胎上进行临摹，并要在立体的坯胎上，将平面图样上的形象作适合坯胎造型的描绘和局部形象的调整。

考虑到坯胎上釉后经高温烧成瓷有一定的收缩。成瓷的大小和形状与坯胎的大小和形状都有些差异。也可在坯胎上直接设计，绘出图样。

可以用淡黄篾灰水在坯胎上勾绘大体轮廓，此为作图；再用浓黄篾灰水描绘正确、肯定的图样，此为升图。也可用 6B 软铅笔直接绘初稿作图，注意用力要轻，不要在坯胎上划出凹下的笔痕。大体轮廓绘出后，再用细铅笔线描出正确、肯定的图样升图。

如果只画单件作品，升图定好稿之后就可直接绘制。对于需要批量复制的，还需要拓印、描图、刺图和摩图等步骤。

(3) 批量复制

批量复制时需要根据用的是铅笔还是黄篾灰水采用不同的方法。

① 拓印、摩图

浓黄篾灰水升图后，用棉纸或熟宣纸剪成如器型展开一般大小的形状，将纸轻轻按贴在坯胎上，再用手指甲轻轻在纸背摩擦，浓黄篾灰描绘的图样就拓印在纸上。再用浓黄篾灰在棉纸上的纹饰上重新描绘一遍，制备好图样。彩绘作业使用此图样时，将此图样按贴在坯胎上摩图。图样纸上用黄篾灰描绘的纹饰就印在坯胎上。

在摩图时，因器型表面是有弧度的，图纸会因此产生折叠痕迹。作业时应尽量使这些折迹折在没有纹饰的空白处或纹饰的空隙之中。然后将重叠的折迹部分剪掉，即成图样。器型较大的图样，可将画面分割成几部分。在各部分交接处做上记号，摩图纸也剪成几块，然后再一块一块地摩图。

② 描图、刺图、摩图

描图：铅笔升图后，用薄透明纸罩在图样上进行拷贝，用尖细的铅笔线描摹纸下面纹饰。这是目前普遍采用的绘制图样的方法。这种方法适合于坯胎较厚重或者是同样的造型需彩绘的数量多的情况。如果是高档次的细瓷，纹饰的层次丰富，宜用黄篾灰起稿绘制图样。

刺图：用铅笔描摹在透明纸上的纹饰是拓印不下来的，还要经过刺图：将铅笔描绘的图纸，放在泡沫海绵上，用针依纹饰的线刺孔，图纸上的纹饰就成为以小圆点组成的纹饰。这是一种便捷的作图方法。

摩图：将刺孔图样纸叠罩在坯胎的一个等分装饰部位上。用粉球或用毛笔蘸广告颜料水，在图样纸上刷摩，色粉或颜色水透过针孔漏到坯胎上，揭开图样纸，坯胎上留下颜色小圆点。这些小圆点连接起来构成的图案，即是作画的“图样”。

（4）调料、装料、蘸料

在适量的颜料中添加几滴粘结剂胶水，加入量的多少以彩绘时青花料不会被摩擦掉为宜。再加水充分调均匀，调至浓稠适中（类似酸奶状），水量多少以彩绘者作画习惯和熟练程度而定。

将备用的糊状青花料装入料碟。在料碟的中间，用青花料作成料坝，料坝的两边，一边盛清水，一边留着彩绘时调料的部位。

手握青花画笔，让笔头一面贴着调好的青花料，不断转动笔杆，使笔头各个面均匀地蘸上青花料，蘸饱青花料的笔头形状如花生米、枣核。

（5）绘制

① 描线

描线用笔根据需要选用单料画笔、双料画笔或箍线笔。运笔时身体的劲力通过手臂到手掌，传到握笔的手指，再传到笔杆，最后集中到笔头；运笔匀速，线条流畅，注意笔尖水分控制。

② 分水（青花技法特有）

在青花装饰中，青花纹饰描线后，以分水的方法将浓淡不同的料水，分出纹饰深浅不同的层次。青花彩绘技法中这种分水技法表现力极其丰富和微妙，是一种难度较大的技法。

分水是用特制“鸡头笔”蘸青花料，调控料水浓度，通过笔触浓淡表现渐变效果，利用坯体吸水特性形成层次。分水的具体操作方法如下。

a. 分水作业前，将调配好的分水料充分搅拌，直到容器底部没有沉淀的青花料为止。

b. 像执钢笔一样执分水笔，将笔头浸在分水料中蘸分水料。

c. 蘸饱料水的分水笔向上提时，笔头弯弯的一面朝上，料水从笔尖向盛分水料的容器内流淌慢慢至滴水。

d. 将笔头弯弯形的两侧，在盛料水的容器口沿拖刮，让分水笔的形状又回复到刚买来时的形状。

e. 分水作业时，笔头弯弯这面朝上，笔尖与坯胎作业面成垂直状。笔尖接触坯胎，笔头上的料水即流淌下来，迅速提笔让笔尖不触着坯胎，只接触流淌的料水。否则笔尖会触动坯胎和线条，擦起坯粉或料水冲断料线，使纹饰模糊不清。

f. 当笔尖接触坯胎时，通过手臂、手指的运笔，以内功推动料水，让料水随着流淌的惯性，淌满一个块面。运笔一般从左到右，一下笔，笔头上的料水即迅速往下流淌，分水笔就要顺着水头一口气分下去。收笔时，侧转笔锋。在分一笔水的过程中，不能停滞，更不能来回添补。不能断笔、续笔，否则会造成不匀的水迹。所以分水时必须全神贯注，并要掌握分水面积的大小、笔上所含料水多少和运笔的轻重缓急等，一气呵成。

g. 大面积的分水，分水笔上的料水含量要多，运笔要快，料水下来得快。当笔头上的料水含量不多，料水不易流淌下来的情况下，这一块面又未分满，需要一气呵成时，可以大拇指、食指、中指紧压笔头，将笔头上的料水挤压下来，直到分完这一块面。

青花装饰色调的处理，除分水之外还有多种技法。

③ 拓料

a. 用调料笔将描线时使用的青花料加清水调稀，呈稀泥浆状。

b. 将羊毫笔蘸饱已调稀的青花料。

c. 轻轻下笔，让笔头触着坯胎，从纹饰的中心开始向边沿运笔。

d. 运笔过程中，轻压笔头让笔肚触着坯胎向边沿运笔，当笔肚落在轮廓线的边沿时，正确的运笔动作是落笔重。

e. 将羊毫笔向上提，让笔头与坯胎之间有产空隙。

f. 将（c～e）运笔动作反复进行。纹饰边沿部位色调深，接近中心部位色调淡。烧成后接近中心部位是淡青色、边沿部位是深青，运笔的方向与纹饰的内部结构线一致，如叶片的运笔。

g. 以上所述，是将拓料技法运笔以慢动作描述。实际应用时，处理色调要分深、浅两次拓料完成。

h. 将青花料加大量的清水，调成淡料水。用另一支羊毫笔蘸此淡料水，从纹饰的中心部位开始运笔。重复（c～e）的动作。中心部位烧成瓷后，呈现出只是区别于白瓷胎的浅青色。

④ 涂料

调料与拓料方法相同，使用的羊毫笔也相同。笔尖接触坯胎后，轻压笔头，笔与坯胎接触的面比拓料时要宽。青花料从笔头落下来后，运笔的速度始终均匀一致，起落笔轻重相同。笔头上的青花料即均匀地涂在坯胎上。

⑤ 拓染

将拓料法中深浅两次作业并成一次完成的色调处理方法。拓染法有深浅过渡的艺术效果。使用的羊毫笔和运笔方法与拓料法相同。不同的是，拓染作业时，羊毫笔含料水饱满。更重要的是要控制羊毫笔的下水量。在下笔时料水下得少些，停笔处，料水要多些。烧成瓷后呈现的青色下笔处浅，停笔处深，形成色调从浅到深渐变的效果。

⑥ 喷料水

这是一种利用工具和设备处理色调的方法。作业时将青花料水装入喷枪、喷笔或喷壶内，以空气压缩机或以人工嘴吹为动力，将青花料水喷洒到坯胎上。作业者根据装饰设计的要求，喷出平涂式或从浅到深渐变式的效果。喷洒的料水少，颜色就浅。喷洒的料水多，颜色就深。用喷笔喷料水的效果更加细腻、滋润。

（6）喷罩青白釉

彩绘工序完成后，将坯胎搁置在转盘上，用喷枪或喷壶以空气压缩机（或人工嘴吹）为动力，将青白釉喷洒罩在坯胎上，釉层的厚度约大拇指指甲厚（厚度 0.3～0.5mm）。也可浸釉法罩青白釉。

（7）刮削足沿釉

足沿与硼板接触面的釉需要去除，露胎。否则会粘硼板。

（8）装窑烧成瓷

装窑，经高温烧成瓷，钴蓝需还原焰发色。

教学视频：
釉下青花

### 6.5.4 古彩装饰绘画

（1）拷贝

设计并完成稿子后，通过拍图等方式把稿子细致地拷贝到瓷器上。

（2）搓料、磨料

搓料是指将油性颜料搓细、搓均匀的过程。用搓料刀先将干粉状的颜料（朱明料、西赤、艳黑等）搓碾细，再逐步少量添加乳香油，每加一次充分调和油和料，不够再加，直至合适为止。油和料的比例要适中，油多料少会导致勾出的线条粗而油腻地炸线，油少料多则易勾出断断续续的禾草线，线不流畅。搓好后把料放置于带盖的瓷器碟中，防止灰尘污染及减少挥发。

磨料是指研磨用水调和的颜料。古彩中用水调和的颜料有雪白、古黄、古紫、古翠、古大绿、古苦绿及古水绿等几种。先将干粉状的颜料倒入研钵中干磨细，再加入适量的清水碾磨至“奶油”状，料磨得越细越好。

（3）打料

在瓷器上勾勒出线条前，需要打料。打料是景德镇绘瓷的行话，是指将油性颜料均匀地与笔接触，使笔饱满均匀地蘸满颜料。

在正式打料之前先将料笔在樟脑油中蘸一下，待油干后（注意确保笔毛里外的油都干透，或用纸巾吸干笔上的油），再将料笔的笔头置于料碟中蘸料。然后再置于另一个干净的碟子中反复旋转敲打，直至笔上的料饱满且均匀分布。

在打料的过程中如果料太干，可适量加入少许樟脑油调和使其润滑。

（4）绘制

① 勾线

古彩装饰是以线为造型基础，运用特制的“料笔”在瓷上勾线。它借鉴了古代书法中以毛笔在宣纸上勾线的技法和要求。我们勾勒轮廓、结构时，并不是用细线围绕着轮廓去“描”，而是要讲究书法中的“写”。在勾线时，我们如能掌握好“平、圆、留、重、变”五个要点，便能较好地领悟勾线的技法。

“平”是指每勾一条线，自始至终保持用力均匀，行笔时切忌忽轻忽重及“撩”、“挑”、“滑”的动作。“圆”是指勾出的线条要浑圆有力，圆润饱满；这要求我们“中锋”用笔。“留”是指用笔积点成线，勾线时做到处处可以控制，随时可以收笔，这样才能随作者的意图变化，达到随心所欲的地步。“重”是指用笔有力。“变”是指用笔的各种变化。“平、圆、留、重”是对线条的基本要求，在这个基础上，线条还要有多种变化，如中锋、侧锋、顺锋、逆锋、顿挫、转折、粗细、方圆、连断、疾徐、虚实，加上墨色的浓淡、干湿等，可谓是千变万化。

总之，勾好线除了掌握以上几个基本要领，要必须注意与对象的形象、结构、质感、体积、空间相结合，努力把对象的生气和生命力表现出来，从而达到表现对象的“神”和“气韵”。

② 分染

分染是指对古彩画面中的必要部位进行分步地、有层次地和突出明暗层次由深到浅的染色过程，尤其以西赤料分染花卉的花头、鸟的羽毛、尾巴和蝶的翅膀为多。

先确定好分染中颜色最深的位置，以花头和花瓣为例，即先用蘸好油料的填笔在花瓣的尖处填上小块的颜色。再拿红笔杆的兼毫“染笔”，用手指捻开“染笔”笔尖处3mm长度的笔锋，稍许蘸一点乳香油，并用吸湿纸巾少许擦干，确保笔锋不分叉，有一定润滑度即可。再次捻开蘸了乳香油的笔锋，使其发开，利用染笔均匀发开的笔锋，沿着填好的颜色一层一层往下分染。分染时，要注意过渡均匀，按一定顺序和方向，一遍一遍地往下染。只要料没有干，可以进行反复分染，但每次分染都需遵循由深到浅，层层分染的规律，不可跳跃性地随意渲染，否则容易导致分染不匀，画面花而乱的效果。

③ 点“沙点”

由于古彩的线条、颜色一般无层次、明暗关系的变化，我们就通过点“沙点”的方法来体现其疏密关系和物体的明暗关系。点与线的配合使用，更能表现出物体的背向、深浅、浓淡，使物体更富有立体感，增加装饰作用。点沙点时，点的排列要略带弧形，以有节奏地错开变化为好，用笔要注重按提、轻重。

④ 车箍

对于圆形的瓷盘当画边饰时，需要画圆形的边线，我们把这个步骤叫做“车箍”。

在正式用油料车箍之前，我们可以先用勾线笔蘸淡墨汁车一道圆形的边线，确定好位置后，我们便可用油料笔车出较准确的边线了。车箍时，一手托住瓷盘，一手执笔。执笔之手要紧贴于瓷盘的口沿，随着托盘的手均匀地转动，车箍的圈也就完成了。车箍时，要屏住呼吸，尽量一笔呵成，保持圈的连贯和均匀。如果不能做到一笔呵成，也要注意笔与笔的衔接。

⑤ 填色

古彩的填色是指用磨好的水颜料均匀地平填于珠明料勾勒的轮廓线内，要求所填颜料平整，厚薄均匀。填色时，用笔需笔笔紧凑，一笔压一笔，保持前后左右的料都平整如一，厚薄一致。

如果填大块面积的颜料时，仅仅一次调好的水料笔是不够用的，需要重新蘸料反复几次衔接颜色，这样就很难保证前后颜色厚薄一致。可以改善的方法是用一只干净的填笔把水颜料扫平，“扫”的动作要轻柔、均匀。“扫”的时候只是轻轻地扫平颜料的表层，而不触动颜料的底层，否则画面就“花”面“乱”。

**（5）罩雪白料**

在完成所有绘画过程后，还有一个步骤是不可忽视的，即罩一层“雪白”料。由于“珠明料”熔点较高，在700～800℃的低温中不能烧熟，烧出之后显灰褐色，且极容易被抹掉，因而在用“珠明料”勾勒的线条上重新罩一层无色透明的“雪白”料，就可以使珠明料乌黑亮泽且牢牢地黏附于瓷器表面上。要注意使用雪白时不宜大面积填，主要是勾罩外轮廓线，同时要注意掌握厚薄，否则易发惊、剥落。

（6）检查、题款画印

作品完成之后要检查色脏，不要因为色脏影响作品的整体效果和质量。检查清理完后，根据需要在画面或瓷胎的适当部位题句落款，描画印章等。

（7）烤花

烤花是古彩的最后一个环节，也是最重要的一个环节。

古彩的烤花一般采用间歇式烤花电炉。烤花温度为 800℃左右。从预热到升温过程。一般为 4 小时左右。（烤花时间还要根据烤花炉大小不同，具体而定）。在瓷器装窑前先低温烤炉，将炉内的湿气排干，避免湿气影响瓷器烧成质量。装窑时，要注意炉内瓷器的摆放疏密，以确保火路通畅和温差均匀。烧炉时，升温应缓慢，一般要求将瓷器画面上油气排出后将炉盖上。升温过快容易引起颜料惊爆、皱色。烤花后还需要冷却 10 余小时方可出炉。在冷却过程中炉盖要分几个阶段打开，冷却过快会引起画面色料冷惊、开裂。

古彩颜料对烤花温度控制要求很高。如果温度太高，颜料易出现流动现象。如果温度低了，烤花后颜色灰暗，发色不准确，无美丽的玻璃质感。一般以大绿呈色为准，因为大绿在古彩颜料中烤花温度最高，温度低了发墨绿色，温度高了发灰白色，大绿呈色正常，其他颜色也基本正常，再则烤花时间的长短都会影响瓷器画面效果。因此说烤花工艺是决定古彩成败的关键。

古彩颜色烤花后，透明艳丽，犹如宝石镶嵌在瓷器上。有的作品为了加强装饰美感，还往往在装饰纹样的某个部分，加上一点本金装饰，烤烧后金光闪烁，更加显得绚烂夺目、富丽堂皇。

教学视频：
古彩装饰

### 6.5.5 粉彩制作基本步骤

粉彩的绘制由于其材料的特殊性，在绘制步骤上与一般绘画有所不同，具体如下。

第一步：设计制作或选择瓷胎。粉彩材料具有粉润清雅、晶莹剔透的艺术特色，只有装饰于精细洁白的瓷胎上，这一艺术特色才能得以充分体现。在瓷胎选择时主要从三个方面进行：首先是选“形”，即选造型。在粉彩彩绘中，不同的题材和装饰纹样，对外观造型有不同要求。一般来说，中国画装饰形式应选用造型线形变化较小、有较大平坦装饰面的瓷胎，尤其是人物题材。如选用线形变化大的器型，绘成后受观察点的局限和造型线形的变化，人物的形体给人产生变形的感觉。图案装饰形式因纹饰中独立单元的面积相对较小，即使分布于转折明显的瓷胎表面也能得到完整的装饰形象，不易产生变形和压缩感，所以适合各种线形变化的造型。其次是“质”，瓷胎的质地。适合绘制粉彩的瓷胎要求胎质细腻、洁白、玻化程度高，具有一定的透光性，并且釉面光滑、细腻、洁净。再次是“色”，釉色。釉面的呈色与瓷胎坯体和釉的化学组成成分有关，用于粉彩装饰的细白瓷以石灰釉类型为佳。由于釉中含有少量的铁，经高温还原焰烧成后，呈现白里泛青的效果，更显洁白。这种类型的釉面有利于粉彩颜料的发色。

第二步：制作图样。选好瓷胎后，将其清洗干净，就可以制作图样了。如果仅绘制单件作品，可直接用淡墨起稿。如果需要反复练习或批量复制，就需要作图、拓图、描图和拍图，以便在瓷胎上留下浅淡的墨线图样，作为绘制的依据和参照。

第三步：绘制。一般情况下可以按照先主后次、先淡后浓、先勾线条后采料的原则进行绘制，也可以根据创作意图和描绘对象的具体情况，做适当调整。

第四步：擦图。绘制完成后，待画面油分蒸发干（晾置两三天即可）就可进行擦图了。其方法是在干净的料碟中将雪白碾成粉末，用棉花蘸取雪白干粉在以珠明料绘制的画面上揩拭，然后再用干净的棉花精擦一遍，目的是去掉画面上沾染的灰尘和油分。擦图时应避免雪白粉涂抹在用新彩颜料绘制的画面上（如以新彩颜料绘制的人物头部、服饰、题句、印章等部位，否则会影响这些部位的发色而破坏画面）。用雪白粉擦完图后，还要用锅底灰（一种以木柴为燃料的烧饭锅底上取下的黑色粉末。这种锅灰现在较难得到，多以黑色碳素内加入蜡末的混合物取代）在需要填玻璃白的部位揩拭，使线条染黑，再用干净棉花将画面清理干净。用锅底灰擦图的目的是阻隔水分对线条的侵入来保护线条，使其在填以水调制的玻璃白和不透明颜料时不致浮料而使线条脱落，同时也可以防止线条被玻璃白覆盖。如果没有锅底灰，也可以用薄染煤油的方法替代。

第五步：打底色，填玻璃白。擦完图后就可以开始打底色。打底色的常用颜料为广翠和生红，有时也用到净苦绿、洋红等净颜料，一般用水调制。其作用主要有两个方面：其一，调度画面色彩关系，为水颜料的填色提供参考；其二，调控画面色彩细微变化。打底色时的厚薄，应根据画面的深浅变化进行。一般来说，画面较深部位可偏厚些，淡的层次则要薄些。因广翠等净颜料发色能力较强，且透明度不佳，故底色不宜打得太厚。

打完底色就可以开始填玻璃白了。填玻璃白是粉彩填色中的一项重要技法和难点。初学者填玻璃白时往往会出现厚薄不匀、流丝等缺陷，影响画面效果。玻璃白主要用于人物服饰、花朵及其他需要表现白色效果的地方。

第六步：分染净颜料，即洗染或点染。洗染技巧性较强，初学者不易掌握，但速度快、耗时少，是一般粉彩常用的方法。点染技法易学，但速度慢、耗时多，常运用于高档粉彩瓷绘中。分染净颜料有水染和油染之分，呈色较淡的颜料如净苦绿、净大绿、净黄等可用水染；呈色较浓重的颜料多采用油染。

第七步：填水颜料。分染完净颜料，待表面煤油蒸发干后，就可以开始填水颜料了。水颜料有透明颜料和不透明颜料之分。填色时应先填不透明颜料，后填透明颜料；先填深而浓的颜料，后填淡的颜料。填色时应将颜料控制在画面以内，避免填出画面。填完色后，要用雪白将未填上颜料的以珠明料绘制的画面部分完全覆盖，以防烤烧后画料脱落，影响画面形象的完整性。

第八步：结果。即在分染净颜料的部位（人物服饰、花朵等）根据需要用各色颜料绘出纹样。常用于结果的颜料有玛瑙红、广翠（海碧）、生红、玻璃白、珠明料等。结果颜料的调配要适当稀些，所用颜料与底色的明度也应有一定距离，使纹样形象清晰。但色相和明度差距不宜太大，否则会与主纹样发生冲突而显得不协调。

第九步：检查清理，题句画印。粉彩彩绘完成后，要对画面进行全面的检查和清理工作，去除各操作工序留下的色脏，检查画面中是否有遗漏的部分等。检查清理完后，根据需要在画面或瓷胎的适当部位题句落款，描画印章等。题句落款一般都用新彩颜料中的艳黑，印章用油红（西赤），要求打料均匀饱满，这样烧成后字迹色彩浓艳饱和、光亮清晰。

第十步：入炉烤花。粉彩瓷绘装饰必须通过烤花后才能使颜料发色，使颜料与瓷胎釉面结合并固定下来。烤花时先将制作好的粉彩作品装入烤花炉内（俗称满炉）。满炉很有讲究，一般是大件满在下部，小件满在上部。平面瓷板和大件盘类作品要竖放，否则在烤花和冷却过程中容易开裂（俗称过缸）。有时为了便于叠放还常采用“倒碗过肩”的办法（即将碗、盘类器皿倒扣于较大件的瓶口使碗底朝上，在碗底足上搁置耐火平板于其上，再码放其他待烧器物），这样既可以保护瓶口纹饰不受破坏，又能叠放更多器物。满好炉后合盖时应留有一定的缝隙，以利于水气和油气的排出。当温度升至400℃左右时，即可将盖封密，使温度均匀上升。升温过程一般是先慢后快，烧至750℃左右即可断火。传统的烤花炉是以木炭为燃料的，其控制炉火的温度主要依赖于经验，通过观察火的呈色来实现。这种烤花方式温度不易控制，常造成炉火失常。现今已改成用电的烤花炉，有些还加装了先进的温控设备，使温度的控制变得非常简便。

以上是粉彩制作的基本步骤，但由于题材的不同和绘制手法等差异，在操作时往往根据具体情况需要做适当调整。

教学视频：
粉彩装饰

### 6.5.6 新彩的绘制技法

新彩手工彩绘的基本步骤与粉彩基本类似（烤花温度略高，为760～800℃），同样也需要根据题材等具体情况而调整。

新彩表现手法灵活，表现力强，表现技法极其丰富的。主要的常用技法有：勾、填、点、彩、跺拍、刷、重色、喷色、刷色、扒、刮等。此外，从事新彩创作的陶瓷艺术家们经过自己长期的摸索实践，也形成了自己独有的创新技法。比如一些特殊的表现技法：刮擦法、流淌法、油渍法、戳点法、残留法等。下面就新彩的常用技法及一些特殊技法逐一介绍如下。

（1）新彩绘制的常用技法

① 勾　用料笔或其他勾线笔来勾画轮廓线。新彩的线条勾勒可运用中国画的多种勾勒法。如采用工笔的笔法，则中锋用笔，线条挺拔均衡；如表现写意的笔法、韵味，线条则灵活多变。

② 填　即填色。用水料或油料填涂于画面需要的部分，形成色块。新彩的填色可以平填，也可以分浓淡变化。平填所用的色料最好是用胶水料，用填笔填平；而油料填色则会有笔触和浓淡之分。勾线和填色常常结合在一起使用，或先勾线再填色，或先填色，再勾勒线条。

③ 点　手法类似国画中表现写意和没骨画法中的点厾画法。用笔蘸色后用中锋或侧锋点厾，形成的笔触点，有浓有淡、自然而富有变化。

④ 彩　先用羊毫笔蘸取油料颜色填涂于瓷面上，然后再用干净彩笔彩出该颜色的浓淡渐变关系，使色彩过渡自然。

⑤ 跺拍　跺拍是将油颜料涂于瓷面后，用笃笔、丝绵、海绵、料拍等跺拍工具拍匀颜色。笃笔适用于跺拍小面积的色块、若是天空、背景等大色块，则用海绵、丝绵、料拍较合适。拍色时手法要轻而匀，并有序地跺拍，使色面均匀或者有浓淡渐变关系。

⑥ 刷　利用较宽的扁笔进行刷色、如刷粉墙般涂布大的色块，刷色时可用胶水料，也可用油料来平涂色块，或叠加刷色；还可利用扁笔的宽大，一边蘸浓料，一边蘸淡料，刷出有自然浓淡变化的色带或色块。

⑦ 重色　为了使画面的色彩丰富而有厚重感，常常使用重色法，即使用较薄的颜料采

取多次叠加，使之产生厚重感。重色一般采用两次烧成或多次烧成，先把绘好的第一遍颜色入烤花炉烧成，目的是经过烤花后使第一道颜色固结，再次叠色时就避免了上下层颜色相互影响而发生变化，便于操作，当然也有未经烧成直接重色的，但操作时要极其慎重，必须掌握好油性和速度，避免搅动下层颜色而使画面发花。如油性太干，不易上色；太稀油料散发时会渗化底层颜色。为了达到丰富的色彩效果，可采取多次重色。

⑧ 扒、刮　用针笔或竹笔在新彩色块上进行扒、刮，扒去颜色后，露出瓷胎，形成图案或痕迹。

⑨ 喷色　使用喷枪或喷笔来喷色。用于喷色的新彩颜料必须用清水调和，而不用油来调制，否则喷不出均细的效果来。

（2）新彩手工彩绘的特殊技法

① 刮擦法　用干丝瓜络、海绵或吸水性较差的纸团等物，在已涂好色的瓷面上按照创作意图进行刮、擦、拓印，使之产生出肌理痕迹或纹样。

② 流淌法　陶瓷釉面光洁而又致密，而油料、水料颜色不易干结，利用这一特性，将新彩颜料泼洒、涂布于瓷面上，倾斜或竖起画面，使颜料渐渐流淌而形成肌理。采用此法要注意水或油的浓度比。太稀流淌过快，太稠则不易流动。

③ 油渍法　此法只适用于新彩油颜料。方法是先将新彩油料涂于瓷面上，待其稍干，用笔蘸取樟脑油、煤油、松节油等稀释剂，滴在需要部位的颜料上，使其晕散渗化，产生斑点状肌理效果。

④ 拓印法　用性能较硬的油画笔、棕笔或纸团等工具，蘸上浓稠的颜色，在需要的部位进行拓印，产生各种形状的肌理效果。

⑤ 残留法　在已涂好色的画面中，待其颜色干后，用小块海绵或棉布等蘸取少许樟脑油，轻轻擦去不需要部分，留下预想的效果。

陶瓷彩绘需结合工艺知识与艺术表现，从坯体处理到烧成控制，每一步都影响最终效果。建议初学者从釉下青花或新彩入手，逐步掌握颜料特性与烧成规律，再尝试复杂技法。

教学视频：新彩装饰

### 6.5.7 烤花工艺

烤花工艺操作要点可概括为：

① 根据不同颜料画面制定不同的烤窑温度曲线；

② 按产品类型、大小分层装码，做到平、正、直、均、稳、松紧适当，下层尽量稀码，以利气体流通。隔层铁皮不能变形太大，避免撞倒制品；

③ 摞装产品要用支钉隔开，避免釉面接触，造成釉面缺陷；

④ 产品上的灰尘必须吹净再入窑，以免产生缺陷；

⑤ 小件制品应放在耐热金属盘或专用垫饼上；

⑥ 为降低釉上彩制品铅溶出量，在隧道烤花窑中可采用高温、稀码、快烧的烤花工艺；

⑦ 随时观察窑内温度及产品运行情况，做到及时调整，合理控制；

⑧ 出瓷时，要轻拿轻放，分别花面等级，不同产品要用不同类型的隔板，避免伤釉。

总之，合理的烤花制度和正确的操作，可得到光泽好、色泽鲜艳的烤花效果。

### 6.5.8 考核评价

此工序总分 10 分，分以下四项评分。能识别陶瓷彩绘颜料种类、能根据工艺选择彩绘颜料的调和剂、稀释剂、彩绘用笔及其它辅助工具 1 分；能在陶瓷（或坯胎）表面上打图、制图，临摹图案纹样，绘制图案纹饰、进行彩绘装饰 6 分，根据实践操作打分；彩绘样品质量及缺陷修复（包括识别彩绘颜料调和、厚薄、剥落等常见缺陷，针对陶瓷制品的缺陷进行补色，根据制品色差调整色彩）2 分，根据彩绘样品质量及缺陷修复进行评分；组织纪律（安全、卫生、考勤等）1 分，根据学生具体表现评分。

组长评价 10 分，根据组长能否组织、协调好全组成员做好安全、卫生、纪律等工作，全组成员整体表现情况进行评分。

## 6.6 现代装饰技术

### 6.6.1 发色材料创新

陶瓷发色材料的持续创新研究对于提升陶瓷制品的色彩表现力与艺术价值至关重要。以下创新技术为陶瓷发色带来了新的突破方向。

（1）光子晶体结构显色

光子晶体具有光子带隙与光子局域等特征，因而可以控制光子的运动以操纵电磁波的传播进而产生色彩亮丽且饱和的结构色。光子晶体展现的结构色是光与纳米周期性结构相互作用产生的，其亮丽的色彩不易受自然环境的侵害，也不随时间的推移而变化。光子晶体结构色的研究十分广泛，一维异质结构光子晶体制备相对简单，结构色艳丽，是人工构筑结构色的重要途径之一。

通过在釉层中引入精心设计的 $TiO_2/SiO_2$ 光子晶体（其周期结构参数精准控制在 300～400nm 范围内），利用光在光子晶体周期性结构中的干涉现象，能够产生独特的虹彩效应。这种结构显色方式摒弃了传统颜料的使用，仅依靠材料自身的结构特性，便可在陶瓷表面呈现出自然且迷人的渐变金属光泽，为陶瓷装饰增添了别样的艺术魅力。

（2）非晶光子结构色釉

非晶光子结构具有各向同性的光子赝带隙、非虹彩效应、光局域化等特点，赋予了材料柔和、亮丽、不随角度变化、不易褪变色的显色效果，在传统陶瓷领域具有广泛的应用空间。研究表明，不混溶分相是形成非晶光子结构的最优途径。于是，利用液-液不混溶现象，能够在陶瓷釉体系中构筑非晶光子结构，并制备非晶光子结构色釉。

张彪等人在 $Na_2O$-$K_2O$-$MgO$-$CaO$-$Al_2O_3$-$SiO_2$ 系陶瓷釉中，通过引入 2%～7%（质量分数）的 $Nb_2O_5$，制备出蓝、青色的非晶光子结构色釉。分析了 $Nb_2O_5$ 加入量对釉色、分相结构及元素分布的影响，并揭示其对非晶光子结构色的调控机制。

### 6.6.2 现代设备拓展

（1）3D 打印装饰

3D 打印陶瓷装饰是一种结合传统陶瓷工艺与数字制造技术的创新方式，能够实现复杂造型、个性化设计和高效生产。如使用算法生成轻量化蜂窝结构，在保持强度的同时实现镂空率>70%的装饰性器型（如蜂窝状陶瓷灯具）。又如：通过 Grasshopper 软件模拟自然形态（如珊瑚、叶脉），输出非对称曲面造型，突破传统拉坯的几何限制。3D 打印既是一种装饰技术，也是一种新型的成型技术，本教程在“5.6 3D 打印成型技术”小节中进行了详细介绍。

（2）喷墨打印装饰

喷墨打印装饰技术已经广泛应用于建筑陶瓷生产中，故在“10.3 陶瓷喷墨打印技术”小节中介绍。在日用瓷及陈设瓷中也开始应用，如 KERAjet 公司已经开发出专门用于喷墨打印盘子、杯子的喷墨打印设备，目前在国内外都有应用。

（3）激光雕刻装饰

激光雕刻装饰陶瓷是一种通过激光技术在陶瓷表面实现图案、文字或纹理的现代工艺，具有高精度、环保、高效的特点，适用于个性化定制和复杂设计。

现代激光雕刻技术采用数控控制与专业软件配合的方法，只要装饰图案设计好，剩下的全部交给激光机来完成。激光雕刻相对于传统的雕刻手法来说，具有雕刻速度快，雕刻图案复杂，适合大批量生产的特点。激光雕刻机可以提高雕刻效率，使雕刻处表面圆润光滑，快速降低雕刻材质温度，减轻雕刻物的形变和内应力；可广泛用于各种非金属材料的精细雕刻等领域。

由以上介绍可见，现代科技不仅能够让艺术家的作品同传统陶瓷装饰拉开距离，在推陈出新、标新立异方面，同样是传统装饰工艺技艺所不能比拟的。那些灵活多变的形式、相得益彰的装饰，因 3D 打印、激光雕刻等而变得极为丰富。

### 6.6.3 交叉综合创新

（1）空间与色彩的交互

曲面显色梯度：在弧形器皿表面施釉时，釉料因重力产生厚度梯度，烧成后同一器物不同区域呈现“天青→月白”渐变色。

凹凸纹理的光影着色：浮雕纹样的凸起部位釉层较薄，凹陷处釉层堆积，形成“浅浮雕青花”的深浅蓝色对比。

冷色收缩效应：在广口瓶外壁施钴蓝釉，内壁涂铁红釉，通过冷暖色对比强化器物的视觉纵深感，使实际口径显小 10%～15%。

光泽度调控：对器皿肩部施加高光透明釉（折射率 1.65），腹部用哑光乳浊釉（折射率 1.50），利用光泽差异模拟“虚拟腰线”分割空间。

建筑陶瓷中的空间-色彩协同：采用干挂幕墙陶瓷板，通过 3D 喷墨打印仿石纹与立体肌理（凹凸 0.5～2mm）同步呈现，实现“远观色彩统一，近触质感丰富”的效果。

（2）其他装饰创新

气相沉积镀金：气相沉积技术（包括物理气相沉积 PVD 或化学气相沉积 CVD）在陶瓷表面镀金是一种创新的装饰工艺，镀层耐磨损、耐腐蚀，不易氧化变色。金色光泽提升陶瓷的奢华感，适合高端工艺品、餐具或卫浴产品。

环保发色体系：用 Fe-Ti-O 系半导体颜料替代 Co/Cd，通过光干涉与吸收协同显色。

### 6.6.4 数字及 AI 装饰技术

传统的陶瓷装饰设计主要依赖熟练工匠的经验和手工技艺，存在效率低、周期长、创新难等问题。近年来，三维建模、虚拟现实等数字化设计工具通过电脑在 3D 打印、喷墨打印等现代设备中得到应用，在一定程度上提高了设计效率和表现力。

如：运用 3D 沉浸式、VR 虚拟技术等利用陶瓷肌理的可塑性和随机性可以根据空间风格或客户需求制作或定制装饰画、摆件、艺术品、墙面肌理纹样及日用品等不同品类的陶瓷装饰品，营造空间浓厚的陶瓷艺术效果及个性可视化的空间软装氛围。

又如：以绘画、雕塑为基础，加入数字化技术，用专门烧制的彩釉瓷片粘嵌出人物、花卉和飞禽走兽等各种类别的艺术造型，对空间天花吊顶、阳台、背景墙、庭院、屋顶、飞檐、马头墙、墙壁等部分进行嵌瓷装饰，用嵌瓷工艺肌理在空间中的具体应用形成特殊的视觉效果，具有较高的艺术价值。

人工智能的引入进一步拓宽陶瓷装饰设计思路。景德镇陶瓷大学李昊等以陶瓷装饰图案生成为切入点，融合分形理论和深度学习技术，提出了一种新颖的图案生成方法。通过轻量化判别器网络的设计与训练，以及基于梯度的超参数优化算法，实现了分形生成算法与人工智能的协同优化，在轻样本数据集上生成了高质量、多样化的分形图案。这一工作不仅丰富了陶瓷装饰图案的设计手段，也为传统工艺与现代技术的融合提供了新的思路和范例。

图像风格迁移是将原始图像的内容以风格图像的风格进行表现。传统陶瓷图案有青花、古彩、粉彩、珐琅彩等多种风格类别，具有纹路清晰，层次分明，色彩亮丽等特点。将新一代信息技术应用于传统的陶瓷领域，通过机器学习，提取陶瓷风格图像的特征，将原始图像的内容以青花、古彩、粉彩或珐琅彩等风格表现出来，既满足了当代人对艺术的多元化追求，又推动了陶瓷艺术和文化的发展。刘愉等人研究比较了基于 VGG19 模型的风格迁移、基于 Cycle GAN 模型的风格迁移和快速风格迁移三种不同的风格迁移算法，得到适用于陶瓷图案风格迁移的算法和参数。

当下的信息社会中，人工智能的迅猛发展成为各个行业前行的重要支点和依托，只有顺应时代潮流不断前进，把传统工艺和数字工艺融合在一起，现代陶瓷产业才能够不断发展壮大，不断进步和提升。

综上所述，陶瓷装饰技术绝非局限于平面图案的施加，而是涵盖从三维形态塑造到二维色彩表达的系统工程。空间造型通过物理体积的编排传递美学张力，色彩表现则以化学与光学原理激活视觉感知，二者在材料、工艺、设计的交点上共同构建陶瓷装饰艺术的完整语汇。当代技术更通过新技术设备、数字化工具（如参数化建模、光谱分析）、人工智能将这种融合推向分子级精度与宇宙级想象，持续拓展装饰技术的边界。

# 第 7 章

# 陶瓷的梭式窑烧成

陶瓷烧成是对生坯进行高温处理，使之发生质变成为陶瓷产品的过程，是陶瓷生产中的一道关键工序。在烧成过程中，坯体将产生一系列物理化学变化，形成一定的矿物组成和显微结构，并获得所要求的性能。

在烧成的各个阶段，坯体中各种物理化学变化进行的程度如何，直接决定着烧后制品的各项理化性能。因此，为了保证产品的烧成质量，就必须准确地掌握坯体在烧成过程中的物理化学反应规律及特点，选择合适的热工性能良好的窑炉，掌握窑炉的基本知识，事先制定出合理的烧成制度，然后按烧成制度严格操作控制。

梭式窑属于间歇式窑炉，可以根据用户具体要求设计各种性能及不同容积规格，既可满足连续化大生产，又能用于小规模间断性生产。其生产方式和时间安排非常灵活，被广泛地使用于日用陶瓷、艺术陶瓷、特种陶瓷、耐火材料及金属热处理等行业。

## 7.1 实训目的

① 通过实训，使学生掌握梭式窑结构及工作原理，以及梭式窑烧成安全知识；

② 理解陶瓷在烧成过程中复杂的物理化学变化；

③ 培养根据坯釉配方及要求进行烧成制度设计的能力；

④ 熟练掌握装窑、梭式窑的温度、气氛及压力调控等陶瓷烧成操作技术；

⑤ 培养学生应急处理事故的能力；

⑥ 通过分析总结影响产品烧成质量的各种因素，提出解决办法，使学生理解陶瓷烧成中的“一因多果、一果多因”问题的复杂性，提升学生解决“复杂工程问题”的能力。

## 7.2 梭式窑烧成基础知识

### 7.2.1 陶瓷烧成过程中的物理化学变化

陶瓷烧成是一个复杂的过程，随着温度不断升高，坯体内部发生一系列的物理、化学反应。陶瓷品种多种多样，其烧成过程中的物理化学变化及产品的化学矿物组成也不尽相同。一般来说，烧窑过程中坯体所发生的物理化学变化如下。

（1）物理变化

① 重量的变化　在低温阶段，坯体的失重等于排出机械吸附水的重量，至中温阶段由于化学结晶水的排出而使坯体急剧失重。此外，由于有机物和矿物杂质的氧化与分解，也会

失去一定的重量。而这些失重的多少视各种坯体的组成不同而不同，一般变化在3%～8%之间。

② 体积的收缩　在低温阶段，由于机械吸附水的蒸发，体积有微小收缩。当到573℃时，β-石英转化为α-石英，到870℃时，α-石英又转化为α-鳞石英，这些多晶转变会使石英体积变化，从而影响到坯体的收缩，但因日用瓷中坯料石英的含量不多，因而此阶段体积变化也不大。到了900℃以后，坯体内液相逐渐形成，固体颗粒由于液相表面张力作用而互相靠拢，收缩逐渐加剧，至烧结时坯体收缩最大，一般日用瓷器烧成收缩在8%～14%左右。

③ 气孔率的变化　气孔率在低温阶段由于水分的蒸发和盐的分解逐渐增加，到氧化阶段末期达最高峰。以后由于液相的形成和体积的收缩而逐步降低，到达烧成温度时为最低。如温度继续升高（即发生过烧现象时）气孔率又随着坯体的膨胀而增加。

④ 颜色的变化　未烧前生坯的颜色取决于坯体中的杂质。有大量有机物存在时呈灰色，有铁质存在时呈浅黄色。烧成过程中至中温阶段结束，由于有机物都已挥发，只有铁质被氧化为$Fe_2O_3$，所以一般呈粉红色。经高温烧成后，如是氧化焰则呈浅黄色或红色；如是还原焰则由于$Fe_2O_3$被还原为FeO并生成硅酸亚铁，所以呈泛青或白色，而发生过烧则FeO再次被氧化成$Fe_2O_3$而造成制品发黄。日用瓷中因坯料含铁量一般在0.6%以下，所以无论用氧化焰或还原焰烧成都能得到较高的白度。

⑤ 强度与硬度的变化　低温阶段随着机械吸附水的消失，强度略有提高；结晶水排出阶段则无明显变化。到了573℃石英转变时，强度则有所下降；750℃以后强度才逐渐增加，此时应控制好烧成温度防止过烧。

坯体在750℃以前是非常脆弱的，750℃以后，由于长石-石英玻璃质及莫来石晶体开始形成，硬度逐渐增加，在良好的烧成温度下冷却后，瓷器的硬度一般可达莫氏7～8级。

（2）化学变化

化学变化主要包括氧化、还原反应，分解反应等。

① 碳酸盐等盐类的分解。

$$MgCO_3 \xrightarrow{500\sim750℃} MgO + CO_2\uparrow$$

$$CaCO_3 \xrightarrow{550\sim1000℃} CaO + CO_2\uparrow$$

② 碳素、硫化物及有机物的氧化。

$$FeS_2 + O_2 \xrightarrow{350\sim450℃} FeS + SO_2$$

$$4FeS + 7O_2 \xrightarrow{500\sim800℃} 2Fe_2O_3 + 4SO_2$$

黏土中夹杂的硫化物在800℃左右被氧化完毕。

坯体中存在的碳素及有机物在600℃以上才开始氧化分解，并持续到高温，此阶段产生的气体必须完全排出，否则会引起坯体起泡。

$$C + O_2 \longrightarrow CO_2$$

③ 还原反应

坯体内的三氧化二铁及硫酸盐在釉层封闭坯体之前得到充分还原与分解。

$$
\begin{cases} Fe_2O_3+CO \longrightarrow 2FeO+CO_2\uparrow \\ 2Fe_2O_3+C \longrightarrow 4FeO+CO_2\uparrow \end{cases}
$$

$$
CaSO_4+CO \longrightarrow \underline{CaSO_3}+CO_2\uparrow
$$

$$
\longrightarrow CaO+SO_2\uparrow
$$

④ 黏土矿物的主要化学变化

$$
Al_4Si_2O_5(OH)_4 \xrightarrow{500\sim600℃} Al_2Si_2O_7+2H_2O(g)\uparrow
$$

$$
2Al_2Si_2O_7 \xrightarrow{约\ 980℃} 2Al_2O_3\cdot 3SiO_2+SiO_2
$$

$$
2Al_2O_3\cdot 3SiO_2 \xrightarrow{约\ 1100℃} 2(Al_2O_3\cdot SiO_2)+SiO_2
$$

$$
3(Al_2O_3\cdot SiO_2) \xrightarrow{1300\sim1400℃} 3Al_2O_3\cdot 2SiO_2+SiO_2
$$

### 7.2.2 梭式窑基本结构

梭式窑是一种间歇烧成的窑，窑车装好制品推进窑内烧成，烧成结束后再往相反方向拉出来，卸下烧好的陶瓷；每完成一个烧成周期，窑车在隧道内来回运动一次，窑车就像织布的梭子一样，故而称为梭式窑。

梭式窑是一种以窑车做窑底的倒焰（或半倒焰）间歇式生产的热工设备，也称车底式倒焰窑，一般只设一个窑门，窑车的运动从窑的一端进出，就像拉一个抽屉，故又称为抽屉窑。

梭式窑除具有一般倒焰窑操作灵活性大，能满足多品种生产等优点外，其装窑、出窑和制品的部分冷却与隧道窑相似，可以在窑外进行，既改善了劳动条件，又可以缩短窑的周转时间。但由于间歇烧成，窑的蓄热损失和散热损失大，烟气温度高，热耗量较高。新型节能型梭式窑改进了窑体砌筑结构，增设了废气余热利用装置，使这一缺点得到很大改善。现代的梭式窑普遍以轻型、薄壁、节能为特征，兼备了间歇窑和连续窑的一些特点。

梭式窑的结构包括窑体（窑墙、窑顶、窑门）、窑车。窑墙、窑顶与设置的窑门围成一个窑室，以在轨道上运行的窑车作为窑底，两辆窑车之间设立曲折密封、窑车与窑墙之间设立曲折密封（沙封）。梭式窑按照控制方式可分为人工控制的传统底烧式梭式窑和自动控制梭式窑两种。传统底烧式梭式窑的文丘里烧咀（文氏烧咀）安装在窑炉底部，如图 7-1 所示。

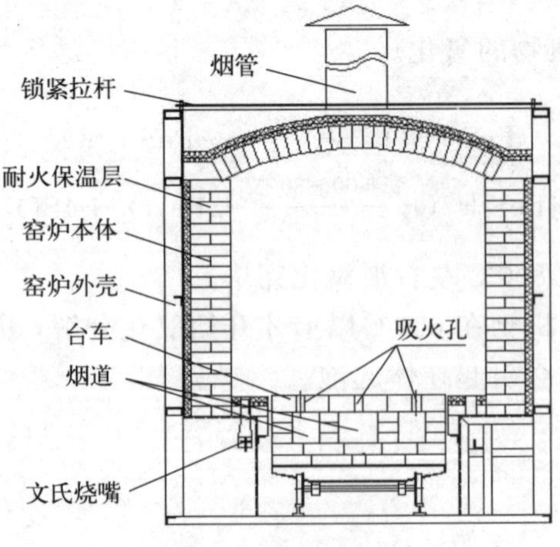


图 7-1 传统梭式窑正面剖视图

自动控制梭式窑安装动力式烧咀，小型梭式窑可安装在底部，中、大型梭式窑一般交错安装到两侧窑墙，此外还包括自动控制所需要的温度检测、压力检测等测量元件，以及控制阀门的控制器、执行机构、工控机等设施装置。如图 7-2 所示。

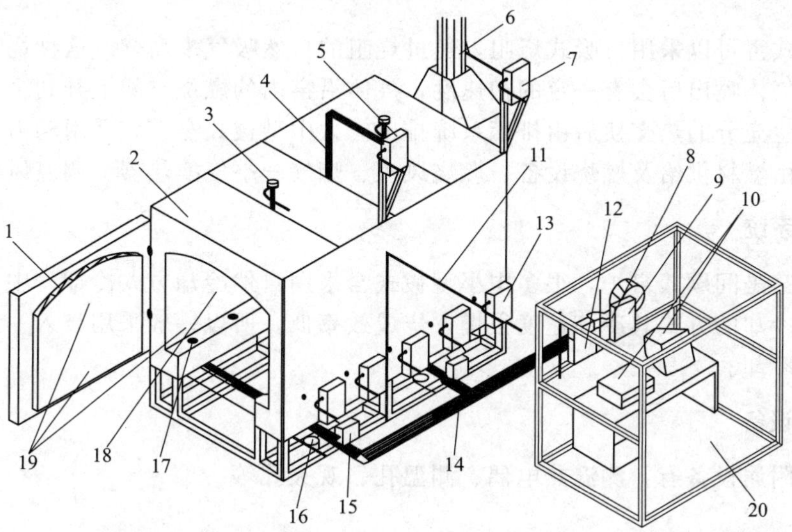


1—窑门；2—窑体；3—热电偶；4—窑内气体引出管道；5—窑压变送器；6—排烟系统；7—电动阀门；8—风机；9—模数转换器；10—工控机；11—燃气管道；12—数模转换器；13—燃烧控制器；14—助燃风管道；15—空气电磁阀；16—燃气流量执行机构；17—燃烧装置；18—窑腔；19—观火孔；20—操作室

图 7-2 自动控制梭式窑结构

### 7.2.3 梭式窑工作系统

梭式窑的工作系统主要包括排烟系统、燃烧系统、冷却系统等，梭式窑工作系统的好与坏很大程度上影响着窑的工作性能。

(1) 排烟系统

梭式窑的排烟系统由吸火孔、水平烟道、垂直烟道、排烟罩、烟囱、排烟风机等排烟装置组成。

吸火孔、水平支烟道设于窑车或窑底，吸火孔位于棚板之间及棚板与窑的前后墙之间，均匀地分布在底部，可使窑内水平截面上的温度均匀分布。同时，窑底水平烟道在窑墙下部与窑尾的垂直支烟道或与窑底的烟道相连。烟气由吸火孔从窑内进入水平烟道，然后经由垂直烟道或与窑底的烟道，最后由烟囱排出。

在烟道的合适位置设置有烟道闸板，闸板材料为碳化硅质耐火板，可通过调节闸板开度的大小控制烟囱抽力来调节窑内的压力制度。一些梭式窑在窑顶与排烟罩底部设有烟道闸板。有些小型梭式窑靠垂直烟道的底部开有冷风吸入口来达到调节烟气流量的目的，同时还可以起到降低烟气温度的作用，特别是高温阶段，可以很好地保护烟囱等设施。

大多数小型的梭式窑采用烟囱抽力自然排烟，不需设置排烟风机。大中型梭式窑一般从窑底排烟，采用机械强排烟。

(2) 燃烧系统

燃烧系统由供气管路、烧嘴等组成。供气管路上有稳压阀、调节阀、压力表等装置，使供燃烧的气体压力稳定可控。

梭式窑的燃烧设备（烧咀）可以分两种，即自吸式烧咀和动力式烧咀。自吸式烧咀安装在两侧底部称为底烧式烧咀，可不用动力。动力式烧咀一般安装在两侧墙上，一排或上下二排交错布置。

小型的梭式窑可以采用自吸式烧咀，通过烧咀的自然吸气来助燃。这种烧咀能产生较大的喷出速度，气体喷出后会有一定的初速度，气体沿窑内的燃烧空间上升到窑顶，然后向下流动与制品发生充分的热交换后由排烟系统排出。大中型梭式窑大多采用动力式烧咀，此时燃烧系统包括由燃料供给及燃烧设备、燃烧风机、烟气－空气换热器、调温风机等组成。

(3) 冷却系统

由于梭式窑是间歇式窑炉，很多中小型梭式窑采用自然冷却方式冷却，中大型梭式窑如果也采用自然冷却的方式其冷却速度很慢，烧成效率低，所以一般采用鼓入一定温度空气的方法进行强制冷却。

(4) 附属设备

梭式窑的附属设备有：测温热电偶、测温孔、观火孔等。

### 7.2.4 梭式窑温度、气氛控制基本原理

梭式窑温度、气氛控制，是通过控制燃料燃烧过程及烟气在窑内流动来实现的，具体控制是通过相关管道阀门（闸板）的调节，来达到控制燃料燃烧和烟气流动的目的。控制基本原理如图 7-3、图 7-4 所示。

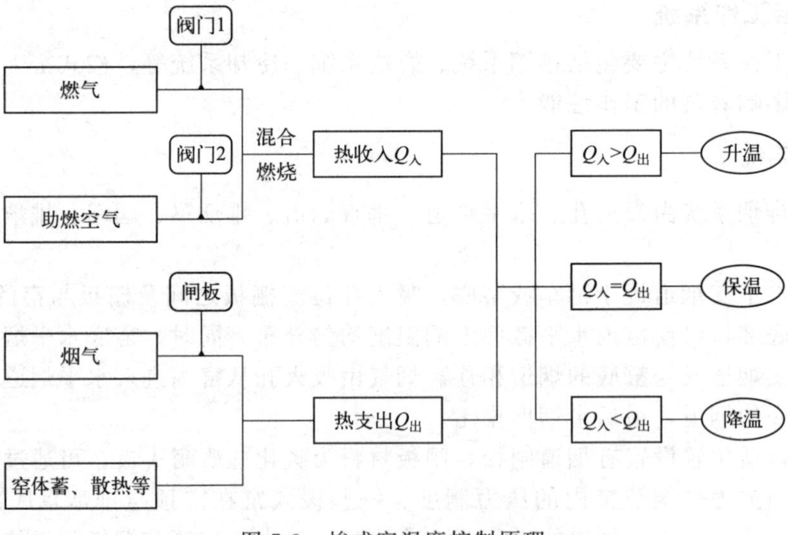


图 7-3　梭式窑温度控制原理

从图 7-3、图 7-4 可以看出，窑内的温度、气氛主要调节手段为燃气阀门、助燃空气阀门及烟囱闸板。如：可以开大阀门 1 和阀门 2 增加热收入使温度上升；可以通过增大阀门 1、减小阀门 2 以及关小烟囱闸板，使燃气不完全燃烧而产生还原气氛。然而在对窑炉进行调节操作过程中，温度、压力和气氛三个参数会互相影响。例如，为使窑内温度升高，需要加大燃料供应量，燃料量增加导致烟气量增加从而使窑内压力增大，这就需要调节烟气闸板

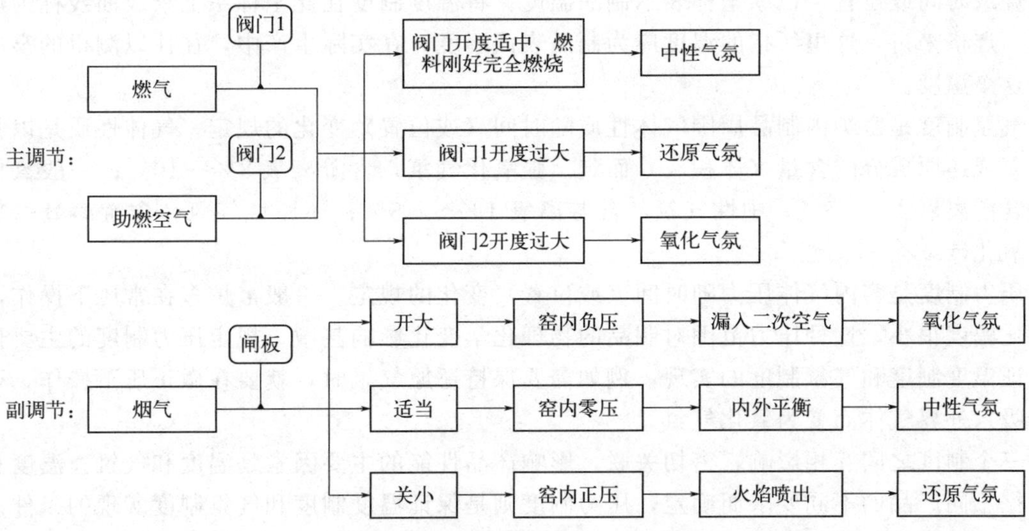


图 7-4　梭式窑气氛（压力）控制原理

来控制窑内压力从而保证窑内气氛的稳定；又如，在高温烧成阶段需要窑内还原气氛，此时必须保证窑内正压和燃料处于不完全燃烧状态，窑内正压过程会使向外散发的热量增加，同时燃料不完全燃烧也会使窑内升温困难，这就需要准确地控制燃料和助燃风的比例，从而使窑内还原气氛烧成的同时温度逐渐上升，保证陶瓷的烧成效果。因此，窑炉的调节过程中，温度、压力和气氛三个参数相互耦合，相互影响，调节其中任意一个参数均会对其他参数造成影响，增加了调节的复杂性。

# 7.3 梭式窑烧成与操作技术

## 7.3.1 制定烧成制度

为了保证陶瓷产品的品质而不产生废品，提出以下三点基本工艺要求。

① 各阶段不得超过一定的升温或降温速率，以免坯体内外温差过大而变形或开裂。同时还应考虑到该阶段物理化学变化所需要的时间。

② 在适宜的烧成温度下应有一定的保温时间，以使坯体内外温度趋于一致，保证坯体内外充分烧结和釉面成熟平整。

③ 在某些阶段应保持一定的气氛，以保证坯体中某些物理化学过程进行。例如，有机物氧化阶段应当保持氧化气氛；在烧成某些日用陶瓷、电瓷时，当坯体内有机物氧化完毕后，应保持还原气氛，以使坯体中所含高价铁还原成低价铁，并使硫酸盐分解。

由以上基本工艺要求可知，陶瓷在烧成过程中必须规定一定的温度和气氛的变化，即必须按一定的烧成制度进行烧成。烧成制度是根据工艺要求并考虑到热工技术经济等方面因素而制定的操作规程。

烧成制度包括：温度制度、气氛制度和压力制度。

温度制度是窑炉内制品温度随时间（或位置）变化的规定。如在直角坐标上，以横坐标表示烧成时间或位置，以纵坐标表示制品温度。将温度制度在此坐标系上绘成曲线称为烧成曲线。严格来讲，这里所指的温度应为制品表面温度。在实际生产中，往往以测得的窑温来代替这个温度。

气氛制度是窑炉内制品周围气体性质随时间（或位置）变化的规定。气体性质是以其中游离氧或还原成分的含量（体积%）而定。强氧化气氛，含游离氧 8%～10%；一般氧化气氛，含游离氧 4%～5%；中性气氛，含游离氧 1%～1.5%；还原性气氛，含游离氧<1%，含一氧化碳 2%～7%。

压力制度是窑内气体压力随时间（或位置）变化的规定。一般窑炉多在常压下操作，压力变化幅度很小，这种压力范围对制品的物理化学变化影响甚微。规定压力制度的主要目的是保证温度制度和气氛制度的实现，例如需要保持还原气氛时，就要在微正压下操作。否则由于吸入外界气体而变为氧化气氛。

三个制度之间互相影响，密切关联，影响产品性能的主要因素是温度和气氛，温度和气氛根据不同产品的不同要求而确定，压力制度则是保证温度制度和气氛制度实现的条件。

三个制度是通过燃料量（调控燃料管道调节阀、减压阀等）、空气量（风门大小）以及排烟量（烟囱闸板控制调节），并结合烧成时间和装窑方式等参数的合理设置来实现的。

烧成制度对烧成质量十分重要，如掌握合理的烧成气氛，能使颜色釉呈色更为优良，达到理想的色彩效果。

窑炉的烧成制度是根据坯釉料的组成和性质、坯体的形状、大小和厚薄，以及窑炉结构、装窑方法、燃料种类等因素确定的。不同类别的产品有不同的烧成制度要求，烧窑前应先确定烧成制度然后再进行烧成操作。

### 7.3.2 燃气梭式窑烧成操作

陶瓷工艺方面就重要性来说，可以分为“一烧，二土，三制作”，从某种意义来说烧窑非常重要。烧成的方法大体分为氧化焰烧成和还原焰烧成两种。氧化焰烧成即是在烧制过程中，窑内一直都是充分的氧气燃烧，直至最后烧成。还原焰烧成是当窑内温度上升至 950～1000℃左右之后，通过调整燃料供给量及燃烧器的风门，使窑内的助燃空气相对燃料供给不足，窑内形成还原气氛。陶瓷的烧成经常因为装饰要求的不同，而有不同的烧成次数和烧成方法。

#### （1）装窑

装窑之前，应首先按照坯体的高度和大小进行归类，并准备好所需的棚板和支柱。棚板的摆放通常是采用三点支撑，有时也可以采用四点，但稳定性较差，可以垫黏土球或铝粉找平。棚板之间及棚板与窑壁间要留有适当的空隙，有助于热烟气的流通。

装窑时坯体应按“上紧下松”的原则装入窑车，这样有利于减小窑内温差。每块棚板均需摆放平稳后方可将坯体放置其上，以免造成坯体变形。“上紧下松”原则，一般是造型单纯的小件坯体放在底高盘类敞口的器物置于中间；大件坯体放在上层。在同一层面上，外形较大的坯体先放，小件坯体填空位。

#### （2）烧成操作控制

由于不同的陶瓷制品采用的坯釉不同以及所需要的效果不同，窑炉的烧成操作过程也不会相同，无法一一列举，现以景德镇常见的高温还原烧成操作为例说明。在此类烧成中一般可将整个过程分为如下六个阶段进行操作控制。

低温水分蒸发期（点火－300℃左右）：点火一般应遵循“先外后里”和“火等气”原则。先将靠窑门边的烧咀风门调小，再开启烧咀的进气阀门，即可在烧咀口上用明火点燃喷火，顺次开一阀门点一烧咀。此阶段为预热阶段，主要是排出残留水分。根据坯体的大小及干湿不同，升温速度要求也不一样，坯体大或含水率高则升温速度应相对较慢，反之则可稍快。对于普通干燥良好的坯体应注意均匀缓慢升温，升温速度最好控制在约 2～3℃/分钟，若升温过急，容易产生坯体变形或炸裂。

氧化分解期（300～1000℃左右）：坯体在这阶段里主要是排出结构水、有机物进行氧化燃烧，碳酸盐进行分解，升温也不能过急，升温速率最好控制在约 2～4℃/分钟左右，如太快则可能因坯体氧化不完全形成坯体或釉面针孔等缺陷。在此阶段烧咀全部点燃，窑门须关紧，烟囱闸门随燃料的增加而逐渐拉开，使窑内维持一定负压。当窑内温度达到 980～1000℃左右时需进行强氧化保温，以确保碳素及有机物充分氧化，并可使窑内上下温差缩小以便坯体同时进入还原阶段。

高温强还原期（1000～1120℃左右）：一般温度达到 1000℃左右时可以进行强还原操作，升温速度控制在约 1～2℃/分钟。由强氧化气氛转化为强还原气氛的温度把握较为关键，此时对应的温度称为临界温度。临界温度的选择主要根据釉面始熔温度决定，一般来说临界温度在釉面始熔温度前 100～150℃。生产中如果临界温度控制偏低，产品因还原过早而氧化不足，容易引起冲泡；临界温度控制偏高，产品会因还原过迟而发黄。此时操作是将窑炉烧咀阀门开大一点，烟囱闸板关小一点，使窑内形成正压。强还原过程的时间及温度将直接影响颜色釉发色效果，需要慎重操作。

高温弱还原期（1120～1310℃左右）：强还原结束后将进入比较平和的弱还原阶段，升温速度基本不变，也控制在约 1～2℃/分钟。随着烧成温度的升高，釉面熔融程度加剧，气氛对颜色釉的发色影响减弱，可将强还原气氛转为弱还原气氛。此时的操作是将窑炉燃气阀门关小点，烟囱闸板开大点，窑内成弱正压，打开下面观火孔，有少量火苗喷出为宜。

高火保温期（1310℃～最高烧成温度）：此阶段，窑内还原气氛可更弱些，升温速度调慢，以 1℃/分钟左右为宜。高火保温主要目的是拉平制品及窑炉内部的温差。从而使产品各部分物理化学反应完全，组织结构趋于均一；使窑内不同部位的产品处于接近相等的受热条件。此时操作是降低升温速度并维持气氛基本不变，另外，此时一定不能使得窑内气压过低而形成负压导致坯体被再次氧化。烧成结束时进行熄火操作，熄火时先将气瓶阀门关上，再依次关闭高压管阀门，减压阀前后阀门及所有喷枪阀门，以便将管道内气体全部排出燃尽。

冷却降温期：普通瓷在梭式窑中烧成后一般让其自然降温冷却即可。一般来说，900℃以前快速冷却有利于瓷坯性能的提高以及釉面光泽度的增强，缓慢冷却有利于陶瓷釉面的析晶，可以增加釉面析晶或无光效果。若希望瓷器釉面光亮些可在高温阶段将窑门开大一些，使其急冷一段时间，降至 1000℃左右再关闭，令其自然冷却至 100℃左右即可开窑。

### 7.3.3 烧成制度与产品性能的关系

（1）烧成温度对产品性能的影响

对传统配方的烧结陶瓷来说，烧成温度决定着瓷坯的显微结构与相组成。若烧成温度低，则坯体的密度低，莫来石含量少，其机械、化学性能都差。温度升高会使莫来石量增多，形成相互交织的网状结构，提高瓷坯的强度。在不过烧的情况下，随着烧成温度的升高，坯体的体积密度增大，吸水率和显气孔率逐渐减少，釉面的光泽度不断提高，釉面的显微硬度也随着温度的升高而不断增大。

(2) 保温时间对产品性能的影响

在止火温度或稍低于此温度的某一特定温度下保持一定的时间，一方面使物理化学变化趋完全，使坯体具有足够的液相量和适当的晶粒尺寸，另一方面使组织趋于均一。在生产实践中，适当地降低烧成温度，通过一定的保温时间以完成烧结作用，常能保证产品质量均匀和烧成损失减少，但保温时间过长则晶粒溶解，不利于坯中形成坚强的骨架，会导致机械性能的降低。

(3) 烧成气氛对产品性能的影响

气氛会影响陶瓷坯体高温下的物化反应速度，改变其体积变化、晶粒与气孔大小、烧成温度甚至相组成等，最终得到不同性质的产品。

硫酸盐、氧化铁和云母中所含的铁质，在氧化气氛中它们都在接近于坯体烧结、釉层熔化的高温下才能分解，此时气孔封闭，气体不能排出而引起膨胀起泡。在还原气氛中，这些物质的分解可提前到坯、釉尚属多孔状态下完成，这时气体能自由逸出，过烧膨胀大为减轻。

(4) 升、降温度速度对产品性能的影响

普通陶瓷坯体在快速加热时的收缩要比缓慢加热的小。含玻璃相多的致密坯体，当冷却至玻璃相由塑性状态转为固态时，瓷坯结构上有显著的变化，从而引起较大的应力。当冷却初期温度高，因而仍有高火保温的作用，如不快冷将影响晶粒的数量和大小，易使低价铁重新氧化，使制品泛黄。快冷还可避免釉面析晶，提高釉面光泽度，但对于膨胀系数较大的瓷坯或含有大量 $SiO_2$、$ZrO_2$ 等晶体的瓷坯，由于晶形转变伴随时有较大的体积变化，因而在转变温度附近冷却速度不能太快，对于厚而大的坯体，若冷却太快，由于内外散热不易均匀，也会造成应力不均匀而引起开裂。

### 7.3.4 烧成操作注意事项

日常维护时要根据学校使用梭式窑炉的特点而合理进行管理安排，不可盲目照搬工厂管理模式。学校的窑炉使用频率一般较工厂低很多，使用间歇期长且不规律。因此要做好平时的检修维护工作以提高窑炉烧成质量和使用寿命，否则，不能及时发现并排除存在的问题，从而影响正常的教学科研工作。

平时窑炉实验室要经常注意检漏，避免窑炉体淋雨而影响窑体的隔热保温作用。水浴加热装置使用前要注意漏电检查及防干烧。液化气输送管道要进行密封检查，可在管道内冲气压 25kPa 保压 5min 无泄漏即可进行操作。

长久不用后管道内部可能有少许铁锈脱落沉积，因此在进车烧窑之前，要用锤子等工具轻敲气管，使管内铁锈完全脱落，然后点燃所有喷枪，利用气压把管道内的铁锈喷射出来并燃烧，再停火推进窑车，这样可避免对产品的污染。

高温燃气梭式窑炉操作环境及安全事项如下。

① 操作环境：窑房地面要保持干净，东西要摆放有序，保持室内通风良好，保持安静，

窑室与燃气房要分开以免发生燃气泄漏而燃烧爆炸。

② 保护事项：不要倚靠燃气管道，燃气管道的开关不要用力过度操作防止漏气；不要接触高温棉；另外不要在窑房里喷釉，以免釉料粘在棚板上烧成后造成损害。

③ 点火前需要对窑炉进行检验，清除前次烧窑留下的残渣等；推窑车前应检查烧咀，看燃烧处是否掉入杂物及烧咀是否歪斜，应及时清理修正，否则会影响烧咀的正常燃烧，甚至会把窑底和烧咀烧坏。检验供气系统是否具备供气条件，窑上检测仪表（测温锥、热电偶及数显表）是否统调一致，窑内烟道是否畅通，窑车、窑体是否完好，检验后方可点火。

## 7.4 考核评价

此工序总分 10 分，分以下四项评分。掌握梭式窑结构组成及作用，掌握陶瓷烧成理论知识 2 分；掌握满窑要领，能够正确进行满窑操作 2 分；掌握梭式窑烧成安全操作规范，能够正确点火，按照烧成制度各阶段要求进行温度、气氛及压力控制，并能够处理常见的紧急情况 5 分；组织纪律（安全、卫生、考勤等）1 分，根据学生具体表现评分。

组长评价 10 分，根据组长能否组织、协调好全组成员做好安全、卫生、纪律等工作，全组成员整体表现情况进行评分。

## 7.5 青花瓷梭式窑烧成工艺虚拟仿真实训

青花瓷是中国文化的一张靓丽名片，其梭式窑烧成工艺是陶瓷专业人才培养的重要教学内容。但由于烧成过程常用的液化石油气燃料存在高压、易燃、易爆等安全隐患，以及烧成周期长、烧成成本高等问题；在有限的实验课学时内面对众多学生进行教学，极大制约了学生学习的积极性及综合能力的培养。为解决以上问题，本实训项目采用虚拟仿真的教学手段，在加深学生理论知识理解学习的基础上，培养学生实际工程问题分析与解决能力，进一步培养学生创新工程思维。

### 7.5.1 实训的知识与能力

实训的知识与技能包括：①青花瓷的特点及其坯料、釉料要求；②烧成过程中坯釉料的物理化学变化；③梭式窑的结构及工作原理；④烧成温度的计算；⑤烧成制度设计；⑥燃气的安全操作规程；⑦满窑（装窑车）技术；⑧梭式窑温度、气氛、压力调控操作技术；⑨事故应急处理操作；⑩烧成缺陷分析及解决办法等 10 个知识点或相关能力。

### 7.5.2 虚拟仿真实训过程

如图 7-5 所示，学生依次进行知识学习与考核、青花瓷烧成过程操作学习与考核、实验总结等模块的实训，实训过程如下。

① 首先进入知识学习模块进行各知识点的学习；

② 点击知识考核按钮进行考核；

③ 考核通过后进入青花瓷烧成过程操作学习模块操作学习，具体过程步骤为：选择坯

料、釉料，根据坯釉料配方计算烧成温度，根据坯釉料配方设计烧成制度，检查烧成设备及燃料管路系统，装窑（满窑）操作，开燃气操作，点火操作，水分排出操作，强氧化烧成阶段操作，强还原气氛烧成操作，弱还原（中性）气氛烧成操作，最高温保温操作，熄火停窑操作，出窑、整理窑具、观察分析产品操作；

④ 点击烧成过程操作考核按钮进行操作考核；

⑤ 进入实验总结模块，在线撰写、提交实验报告。

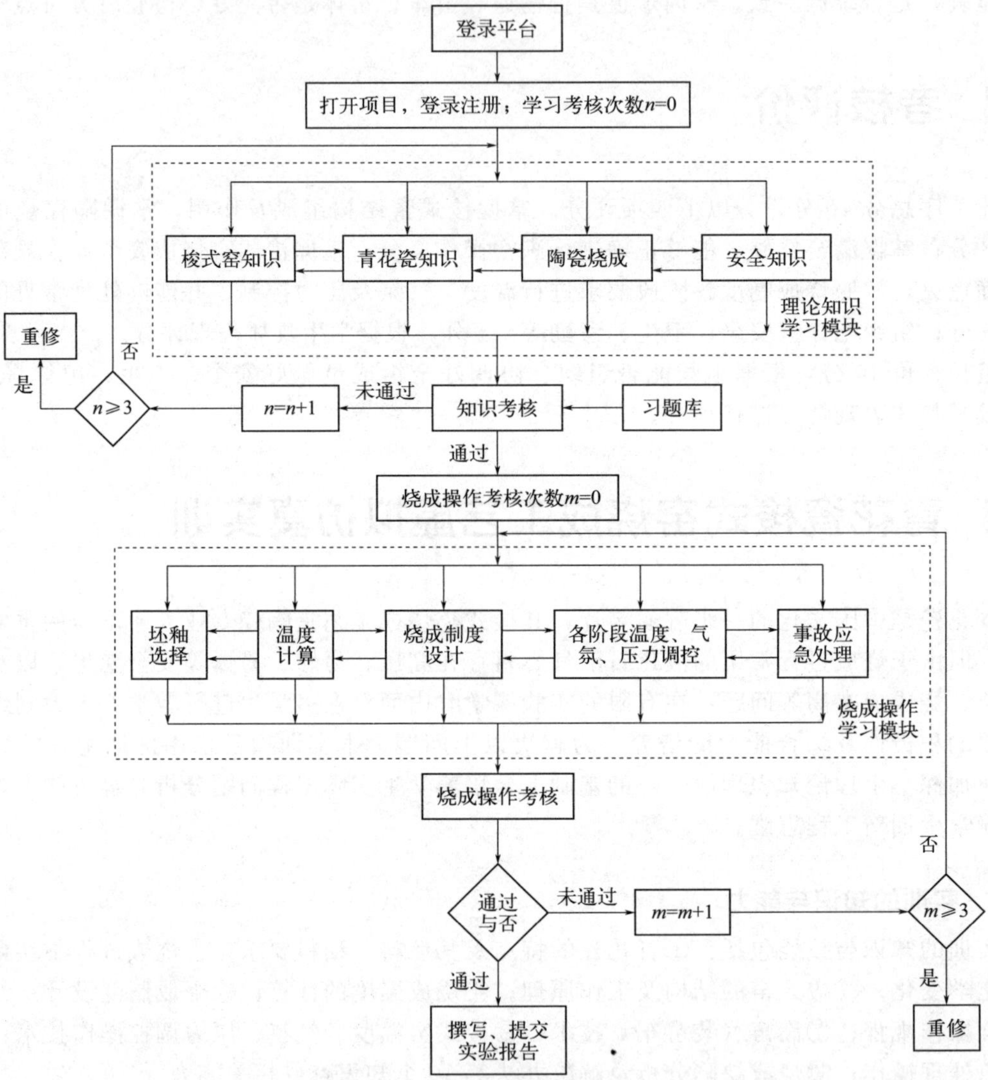


图 7-5　虚拟仿真实训过程

青花瓷梭式窑烧成工艺虚拟仿真实训操作手册

### 7.5.3 实训过程结果要求

梭式窑烧成实训包括理论学习和实际操作两部分，具体过程的结果要求如下。

① 相关知识学习：需通过学习考核，通过考核掌握自然排烟燃气梭式窑的结构及工作原理，烧成原理，梭式窑烧成的安全知识。

② 坯体上釉与修坯：能够正确对坯体进行上釉操作，并且能够正确进行修坯。

③ 烧成制度的制定：根据所选择的坯、釉料的配方，利用所掌握的陶瓷材料和陶瓷热工的知识，正确计算出该青花瓷的最高烧成温度，并正确设计它的烧成制度。

④ 测温锥的安装：将测温锥插入陶瓷泥料底座时，正确的方式是插入深度为1cm左右，锥的直角棱与水平面的夹角为80°。如在底座上左右插入多个不同型号的测温锥，应将先倒伏的锥插在右边；如果是前后插入锥，应将先倒伏的锥插在前面。

⑤ 装车（满窑）：装车时，除最下层的棚板应摆放在窑车的挡火墙与两侧挡火墙之间的砌砖上外，其余各层的每块棚板，根据三点稳定原理，应由3个等高的、被置于该棚板不同边缘的立柱进行支撑；与窑门相邻的棚板与窑门间应留有一定间隙作为烟道；检查坯体底足的釉是否刮除干净。

⑥ 点火前，应检查确保燃气瓶的止气阀和燃气气路上的各球阀被关闭。

⑦ 开启燃气的顺序是由燃气瓶的止气阀开始，沿着燃气的流动路径依次开启气路上的各球阀。

⑧ 燃气气路上泄漏点的检查方法是将洗衣粉液滴在阀门等与直管间的连接螺纹处。

⑨ 点燃燃气应根据“火等气”的原则。点燃烧咀时，首先用打火机点燃引燃烧咀用的细铜管，再将需要点燃的烧咀的风门开半圈，将已被点燃的细铜管从该烧咀和烧咀砖之间的环形间隙插入窑内至烧咀集气环的前端，接着打开烧咀前的球阀，点燃烧咀。

⑩ 排水阶段（室温～300℃）：开启汽化器；基本关闭窑门，留1cm左右缝隙，排烟闸板两边等值地合上5cm左右；根据热源均布原则点燃全部烧嘴的一半，并且火焰较小；将减压阀后的压力表读数调整到0.008MPa；温升速度为3.6℃/min左右；窑内为弱氧化气氛。

⑪ 氧化、分解阶段（300～950℃）：300℃后完全关闭窑门并旋转手轮将其锁紧；点燃所有烧咀；将减压阀后面的压力表读数调整至0.015MPa；700℃时，加大各烧咀风门的开度至火焰为蓝色，无红黄火焰，目的是使燃气为完全燃烧，避免制品产生吸烟的缺陷，并且使窑内由之前的弱氧化转变为氧化气氛。

⑫ 氧化保温阶段（950～1050℃）：通过调整燃气流量，使窑内温度不变或变化极缓慢。

⑬ 强还原阶段（1050～1180℃）：102＃测温锥倒伏时，进行氧化转强还原气氛的操作：通过开大减压阀后面球阀的开度将该球阀后面压力表的读数调整至0.06～0.08MPa，以增大燃气流量；减小排烟闸板开度；烧青花瓷时，可适当调大烧嘴风门开度；调整完毕后，从窑下部中间的观火孔处向窑外喷出长度约为15cm的火焰。

⑭ 弱还原阶段（1180℃～最高烧成温度）：增加排烟闸板开度；从窑下部中间的观火孔处向窑外喷出极其微弱的火焰。

⑮ 高火保温阶段：通过调整燃气流量，保持窑内温度基本不变化。

⑯ 熄火：先关闭燃气瓶的止气阀，待燃气气路中残留的燃气燃尽后，再沿燃气流动路径依次关闭其余阀门；关闭气化器。

⑰ 冷却阶段：将排烟闸板全部打开；开窑门；温度显示仪的温度值降至700℃时关闭窑门。

⑱ 开窑阶段：温度显示仪的温度值降至70℃时打开窑门；用高温石棉手套将烧制好的陶瓷取出；整理窑具。

### 7.5.4 烧成实训虚拟仿真实验考核评价

梭式窑烧成实训考核评判按照百分制评分，具体分值要求及评分标准如表7-1所示。

表7-1 梭式窑烧成实训考核分值及评分标准

| 阶段 | 序号 | 过程 | 分值 | 要求 | 评分标准 |
|---|---|---|---|---|---|
| 预习考核（20%） | 1 | 学习陶瓷烧成相关知识 | / | 学习掌握的知识与技能：陶瓷在烧成过程中宏观性能的变化、微观结构变化、烧成工艺制度、烧成设备、相关安全知识与技能 | |
| | 2 | 考试：安全考核、知识考核 | 100 | 要求安全考核需满分、知识考核需56分以上 | 安全考核30分，知识考核70分，按照参考答案打分标准给分 |
| 实验过程操作及考核（60%） | 3 | 坯体上釉及修坯 | 5 | 1.上釉操作正确，2.修坯正确 | 上釉依据操作正确程度0～3分，修坯0～2分 |
| | 4 | 根据坯釉料配方计算烧成温度 | 5 | 计算正确 | 计算正确（5分）、错误依据多少扣分 |
| | 5 | 根据配方设计烧成制度 | 10 | 1.烧成气氛正确，2.烧成升温速率（氧化阶段、强还原阶段、弱还原阶段）合适，3.最高烧成温度及保温时间恰当 | 烧成气氛（2分）、烧成升温速率（氧化阶段2分、强还原阶段2分、弱还原阶段1分）、最高烧成温度及保温时间（3分） |
| | 6 | 检查烧成设备及燃料管路系统 | 10 | 1.检查窑体、窑车、热电偶及其显示仪表、烧嘴、烟囱及闸板等；2.检查燃料供应系统阀门、压力显示仪表、减压阀、过滤阀、旁路、液化气汽化器、液化气瓶室及液化气瓶 | 1.检查全面，漏一项扣2分；2.检查方法步骤正确，错一项扣2分；3.发现问题（人为设定3项）解决问题，漏一项扣2分。总分10分，扣完为止 |
| | 7 | 装窑（满窑） | 15 | 1.正确选择测温三角锥、并正确安装；2.检查坯体并刮釉；3.窑具选择及码放合适；4.合理码放坯体；5.将窑车缓慢推入窑内 | 1.正确选择测温三角锥、并正确安装（4分）；2.检查坯体并刮釉（2分）；3.窑具选择及码放合适（2分）；4.合理码放坯体（5分）；5.将窑车缓慢推入窑内（2分） |
| | 8 | 开燃气 | 5 | 1.开汽化器；2.开液化气瓶阀门；3.沿着管路开阀门（注意观察） | 1.正确操作开汽化器（2分）；2.正确开各阀门（3分） |
| | 9 | 点火 | 10 | 1.点燃点火棒（火等气）；2.点燃梭式窑烧嘴 | 1.正确操作点燃点火棒（5分）；2.正确点燃梭式窑烧嘴（5分）；窑门如果关闭扣3分，违反点火安全操作规程此次烧成实验为0分 |

续表

| 阶段 | 序号 | 过程 | 分值 | 要求 | 评分标准 |
|---|---|---|---|---|---|
| 实验过程操作及考核(60%) | 10 | 水分排出 | 5 | 微打开窑门，缓慢升温，待水分全部排出后关紧窑门 | 缓慢升温、正确判断水分全部排出（5分）、提前关闭窑门扣2分 |
| | 11 | 强氧化烧成 | 10 | 1.通过燃气、空气阀门调节升温，升温速率合适；2.空气阀门开大；3.接近氧化烧成终点时注意缓慢升温、观察热电偶、测温锥情况；4.正确判断气氛转换点；5.保证窑内一直为负压 | 1.通过燃气、空气阀门调节升温，升温速率合适（3分）；2.空气阀门开大（1分）；3.接近氧化烧成终点时注意缓慢升温、观察热电偶、测温锥情况（1分）；4.正确判断气氛转换点（2分）；5.保证窑内一直为负压（3分） |
| | 12 | 强还原气氛烧成 | 10 | 1.气氛转换操作正确：转换时间刚好三角锥倒，及时关小助燃空气阀、关小烟囱闸板，调节燃气阀门，使窑内处于合适的正压。2.通过各阀门调节窑内上下、左右压力均匀，以保证温度、气氛均匀；3.按照烧成制度升温 | 1.气氛转换操作正确：转换时间刚好三角锥倒，及时关小助燃空气阀（1分）、关小烟囱闸板（1分），调节燃气阀门（1分），使窑内处于合适的正压（2分）。2.通过各阀门调节窑内上下、左右压力均匀，以保证温度、气氛均匀（2分）；3.按照烧成制度升温（3分）。4.转换不及时扣1～4分 |
| | 13 | 弱还原（中性）气氛烧成 | 5 | 1.通过燃气阀门、助燃空气阀门、烟囱闸板调节气氛，转换为弱还原（或中性）气氛，窑内正压减小为微正压；2.按照温度制度升温到最高烧成温度 | 1.通过燃气阀门、助燃空气阀门、烟囱闸板调节气氛，转换为弱还原（或中性）气氛（2分），窑内正压减小为微正压（1分）；2.按照温度制度升温到最高烧成温度（2分） |
| | 14 | 高温保温、熄火停窑 | 5 | 1.参考热电偶显示温度、通过测温三角锥判断最高烧成温度；2.通过燃气、助燃空气阀门及烟囱闸板调节，使温度、气氛、窑内压力维持稳定。3.到了保温时间正确熄火 | 1.参考热电偶显示温度、通过测温三角锥判断最高烧成温度（1分）；2.通过燃气、助燃空气阀门及烟囱闸板调节，使温度、气氛、窑内压力维持稳定（2分）。3.到了保温时间正确熄火（3分） |
| | 15 | 出窑、整理 | 5 | 1.在温度较低情况下可以逐步打开窑门；2.缓慢拉出窑车；3.注意高温烫伤戴手套将烧成的制品取出；4.黏窑具的制品正确处理；5.将窑具放置归位，检查设备及周边卫生情况 | 1.在温度较低情况下可以逐步打开窑门（1分）；2.缓慢拉出窑车（1分）；3.注意高温烫伤戴手套将烧成的制品取出（1分）；4.黏窑具的制品正确处理（1分）；5.将窑具放置归位，检查设备及周边卫生情况（1分） |

续表

| 阶段 | 序号 | 过程 | 分值 | 要求 | 评分标准 |
|---|---|---|---|---|---|
| 实训总结（20%） | 16 | 实训报告 | 100 | 能够正确分析烧制样品质量、找出其缺陷，分析产生缺陷原因；对烧成问题能够提出进一步解决的方案。实验报告逻辑清晰、重点突出、图表引用参考文献等符合规范。 | 能够正确分析烧制样品质量、找出其缺陷及烧成过程中存在问题（20分），分析产生缺陷原因依据充分、理论正确、符合实际（20分）；对烧成问题能够提出进一步解决的方案，方案具体可行（40分）。实验报告语言通顺、逻辑清晰、重点突出、图表引用参考文献等符合规范（20分） |

# 第三篇

# 建筑卫生陶瓷生产实训

# 第 8 章

# 原料加工技术

## 8.1 实训目的

① 熟悉陶瓷原料的基本特性和质量标准。

② 熟悉常用的陶瓷原料加工设备，理解其加工原理。

③ 掌握原料加工工艺，如原料细磨工艺、造粒工艺等，掌握主要工艺参数及其对生产过程、产品质量的影响。

④ 熟悉加工设备安全操作规范，特别是通过喷雾干燥虚拟仿真线上实验与线下实践相结合，更深刻理解掌握危险程度高的喷雾干燥塔的安全操作。

## 8.2 主要原料及配料

### 8.2.1 主要原料

建筑卫生陶瓷主要包括黏土、长石、石英三大原料。

根据原料在生产工艺中所起的不同作用分类可以分为可塑性原料和瘠性原料。可塑性原料以黏土为代表，主要为坯料提供一定的可塑性，便于成型，如在滚压成型、旋压成型、挤出成型等对塑性要求较高的工艺中；在注浆成型中，使坯体干燥后有足够的强度，以及在泥浆或者釉料中提供足够的悬浮性及浆料稳定性。瘠性原料包括长石、石英、硅灰石等材料，可调节坯体的可塑性，降低干燥收缩以及减少坯体干燥时的变形度。

黏土在坯体中起两方面作用，一是配方中 $Al_2O_3$ 的主要来源，二是保证坯体有足够的强度。黏土用量因黏土种类和可塑性不同有差异，一般瓷质地砖中黏土的用量是 20%～30%，卫生陶瓷坯料中黏土用量为 40%～50%，而釉料中黏土用量为 10%。

长石是一种熔剂原料，在陶瓷坯体烧制过程中通过它的熔融和熔化其它物质而形成玻璃相，从而降低烧成温度，有利于成瓷，同时熔融在液相中的 $Al_2O_3$ 和 $SiO_2$ 互相作用，促进莫来石晶体的形成和长大，赋予了坯体的力学强度和化学稳定性。长石原料以钾、钠长石为主，一般建筑卫生陶瓷坯体中以 $K_2O$ 和 $Na_2O$ 的总量为 5%左右为宜，如考虑对产品变形的影响，可多用一些钾长石，如考虑快烧工艺，可采用钠含量高的长石。

石英为二氧化硅结晶矿物，是一种瘠性原料，可调节坯体的可塑性，降低坯体的干燥收缩，烧成时因石英的加热膨胀可部分抵消坯体收缩的影响，而且石英晶体颗粒可构成坯体的骨架，增加坯体强度，防止坯体软化变形。在釉料中二氧化硅是生成玻璃质的主要组分，增加釉料中石英含量能提高釉的熔融温度和粘度，并减少釉的热膨胀系数。

### 8.2.2 均化及配料

（1）均化

为了保证原料的相对均匀性，建筑卫生陶瓷企业往往需要设置大型的原料堆场，既方便大批量采购，更重要的是为了原料的存储陈腐及均化操作。

生产视频：
原料堆场均化

（2）配料

配料可分为间歇性配料和连续配料两种方式，间歇性配料用铲车将原料铲入到配料机上。操作人员需注意观察重量显示，快达到所需的重量时，铲车料斗采用小量多次放料。连续配料只需要保证连续配料机上各料斗中配方所包含的每种原料都充足，由配料机自动根据配方放料。

生产视频：
间歇性配料
及连续配料

## 8.3 原料加工设备操作

建筑瓷砖常采用压制成型，压制成型所用粉料的制备工艺流程为：配料→球磨→过筛→除铁→储浆均化→喷雾造粒→粉料输送→料仓（陈腐待用）。主要包括泥浆制备、泥浆输送存储、喷雾造粒及粉料输送存储四个过程。

卫生陶瓷常采用注浆成型，成型所用浆料制备工艺流程为：配料→球磨→过筛→除铁→储浆均化。制备过程与建筑瓷粉料制备的前几步相同，但所用原料配料不同，所产生的泥浆性能，也与建筑瓷粉料制备中间过程产生的泥浆性能指标不同，其具体性能指标参见“5.2.2 注浆用泥浆的性能指标”。

### 8.3.1 原料球磨

陶瓷厂的泥浆制备采用的是湿法球磨方式，球磨的主要目的是粉碎及混合已经配制好的各种原料。在生产加工过程中，球磨机的转速、装载量、球石选择等均会对球磨后的泥浆细度产生影响。原料球磨加工所占的能耗较高，接近总生产能耗的40%。球磨效率的影响因素成为陶瓷生产中需要重要的考虑部分。主要通过球石的选择，球磨机的装球量，球石的级配等方法。

一般来说，球石的密度越大，冲击力和研磨剪切力越大，对应的球磨效率越高，球磨的效果越好，目前陶瓷厂球石常见的是中铝球和高铝球为主。装载量一般用填充系数来表示。填充系数是球磨原料及球石的体积占球磨机的有效容积之比，装载量常在80%～90%为宜。在同样的填充系数下，装入的球石尺寸越小，则数量越大，比表面积也越大，研磨的效率越高。但是球石过小，对陶瓷原料中的粗颗粒冲击力下降，也会导致球磨效率的降低，所以生产时需要有小球、中球和大球的合理级配，从生产实践来看，球石的级配在小球1/2左右，中球和大球 1/4 左右，研磨效果较好。

球磨机的使用和安全操作规程如下。

（1）使用前的准备

① 本机运转前，应检查各紧固零件，防止有松动现象。

② 主轴承座以及传动轴承座均加 20# 机油，浸满到轴承压盖不漏为止。调紧主机皮带、传动皮带、电机皮带。筒体运转方向无严格规定，建议胶带下边为紧边。

③ 检查电气设备工作条件和环境是否符合以下规定：电源 50Hz 380（±10%），三相四线；空气温度：−5℃～40℃；空气湿度：+40℃时湿度小于 50%；周围空气无腐蚀性及导电性污染；海拔不超过 2000m。

④ 接通电源启动球磨机运行 10min，检查筒体运转是否灵活、传动部分是否有异常响声、各轴承部分是否明显升温。空载运转四小时，检查机器应运行平稳，无异常响声。重载运行 12h，整机应运行平稳、无异常响声、无明显振动。轴承部位温度一般控制在 40℃以内，最高不超过 80℃。重载运行正常，停止运转，正式进料使用。

（2）球磨机磨料的操作规程

① 接通电源，将球磨罐盖安装到位，平台上的进料口用盖板盖好；

② 再次检查传动件是否完好，是否达到安全启动的条件；

③ 合上电源，启动球磨机，并使上料口正对平台上的进料口；

④ 将球磨机进行必要的位置固定处理，断开电源；

⑤ 移开平台上进料盖板，开启球磨机上的进料盖进行装料；

⑥ 按工艺配料单顺序进行装料，一边进料一边放水；

⑦ 待料和水按要求装完后，将平台等地方的散落料装入球磨机内并将进料盖盖好；

⑧ 合上电源，开始点动球磨机，点动几次后正式启动球磨机；

⑨ 当达到工艺要求的球磨时间后，停机对球磨浆料进行工艺检测，并对球石和浆面离球磨机口的距离进行测量，浆料合格后才能放浆，否则就要继续加磨处理；

⑩ 为了快速放浆和放干净，一般采用压缩空气进行加压放浆。

（3）球磨机的维护及保养

① 主轴承座长期加满机油到压盖不漏为止，机油应三个月清洗更换一次，以润滑轴承灵活，增加使用寿命；传动部分轴承每个班加机油一次。

② 定期检查各三角带松紧，并适当调节，使用一段时间视磨损情况应考虑更换。

③ 球磨机在运转过程中，如发生不正常响声和发热情况，应立即停机检查，正常后方可开机。

生产视频：原料球磨

生产中球磨工序还需要重点注意的几个问题。第一，要称量准确，换算好含水率。陶瓷原料通常是原矿简单加工后堆放于料场中，对于露天堆放的原料需要特别注意的是其含水率的波动。第二，装料顺序一般是砂料垫底，可塑性黏土在上边，有利于球磨效率提高。第三在原料加工球磨的过程中，取出样品测量浆料细度，测量达到合适筛余，合格后方可出浆。

## 8.3.2 过筛除铁

过筛除铁的目的是去除球磨过程中个别的粗颗粒。同时也可以起到初期的泥浆均化作用，建筑卫生陶瓷的泥浆一般要求全部能通过 80～120 目筛。常用过筛设备为振动筛，其结构如图 8-1 所示。

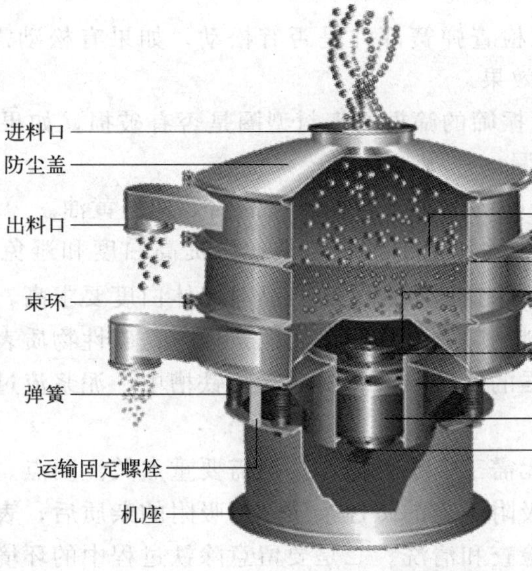


图 8-1 振动筛结构示意

振动筛的工作原理为：振动筛起动后，其动力装置即振动电机上下两端不同相位的偏心块、由于高速放置作用而产生一复合惯性力，该惯性力强迫筛机振动体作复旋运动，筛框在振动力的作用下连续作往复运动，进而带动筛面作周期性振动，从而使筛面上的物料随筛箱一同作定向踊跃式运动，其间，小于筛面孔径的物料通过筛孔落到下层成为筛下物，大于筛面孔径的物料经连续跳跃运动后从排料口排出，最终完成筛分工作。旋振筛振动体的运动轨迹为一复杂的空间三维曲线，此曲线在水平面上的投影为圆形，在两垂直面上的投影为两相同的椭圆。实际运用中，通过调整振动电机上下两端偏心块的相对相位，可以改变筛面上物料的运动轨迹，从而达到不同的筛分作业目的。

（1）振动筛的操作

① 检查筛网是否完好；

② 放浆槽内放好清洗干净的除铁棒；

③ 启动电源，开始放浆过筛；

④ 适时清理槽内的泥块，保持泥浆流动畅通；

⑤ 放浆结束后，关闭电源，及时清理振筛、管道、除铁棒和泥浆槽。

（2）使用与维护注意事项

① 必须均匀给料，给料量以满足设备处理量为准。一次投料过多，阻碍物料在筛面上的正常运动，不但易使筛网疲劳变松，而且会大大降低物料处理量；一次性给予大量物料，

也会使本身处于不平衡运转的电机负荷骤然增加，而造成电机损坏、降低电机寿命。另一方面如给料量达不到设备的处理能力，既浪费能源，又降低了产量。

② 对于有强大冲击力的给料方式，必须加装缓冲料斗，物料直接冲击网面，不但消耗振动源所产生的激振力，更易造成网面破损及筛网疲劳。

③ 需要定期检查筛网的表面是否有破损，如果有破损需要及时更换，以免造成产品的筛分不合格。

④ 振筛要经常检查弹簧部件是否有松动，如果有松动需要用扳手上紧，以达到较好的筛分效果。

⑤ 需定期检查振筛的筛框的密封型圈是否有破损，如果有破损需要及时修补，防止物料泄漏。

⑥ 定期检查振筛的电机，定期从黄油嘴处加注黄油。

生产视频：振动过筛

除铁的目的是去除泥浆中的铁杂质，以提高白度和避免由铁质造成的烧成缺陷。对白度有要求的产品必须除铁，如抛光砖产品对坯体白度要求高，抛光后易于见到缺陷，所以除铁很重要。陶瓷原料的除铁主要是采用泥浆通过铁磁性物质表面的物理除铁方法。最为常见的除铁方法是把高强的铁磁棒并行的放在除铁槽中，泥浆流过除铁槽中除铁棒的表面时，铁杂质被吸附。

磁选机是自动、连续作业，无需工人手工操作。但需要重点关注两点。一是除铁机的保养及清洗。除铁器的磁源表面会吸附一定的磁性杂质。当吸附的杂质后，表面的吸附力就会减弱，影响除铁效率，需要及时检查和清洗。二是要留意除铁过程中的环境温度变化。铁磁性物质的磁化率随温度升高而降低，当使用环境温度上升较高时，除铁效率下降也会引起能耗上升。

### 8.3.3 泥浆输送与存储

（1）柱塞泵

泥浆输送设备为柱塞泵，其操作规程如下。

① 连接进出浆管，并打开浆管上的阀门；

② 接通电源，打开供水阀；

③ 起动电源，开启起动按钮；

④ 调整上浆压力；

⑤ 待工作结束时，关阀进出浆管；

⑥ 用水清洗时，将排污阀打开，直至清完为止；

⑦ 切断电源，关闭排污阀。

（2）储浆池（搅拌罐）

泥浆的存储设备为储浆池或搅拌罐，储浆操作规程为：

① 清理储浆池（搅拌罐）和放浆管道；

② 开启搅拌机并注意搅拌机的振动等情况；

③ 待搅拌机运行正常后就可以往储浆池（搅拌罐）内放泥浆；

④ 储浆池（搅拌罐）内的泥浆不宜太少和太多；

⑤ 当储浆池（搅拌罐）内的泥浆长期不用时，要适时注入清水，以免泥浆太稠。

### 8.3.4 喷雾干燥造粒

喷雾干燥造粒是将加工好的泥浆通过喷雾干燥塔制成具有一定颗粒度的球形粉料，是目前建筑陶瓷砖中主要采用的粉料制备方式。喷雾干燥塔一般由五部分组成，供浆及雾化系统、热风发生及输送系统、干燥塔塔体、粉料收集系统和尾气及除尘净化系统。当泥浆通过供浆系统通过雾化器时，泥浆会变成小液滴分散在塔体中，塔体的热气流与雾滴接触干燥，形成一定颗粒度及含水率的粉料落入塔底，在建筑陶瓷制粉过程中主要采用压力式雾化方式，雾滴的大小可以通过调整压力孔板大小加以控制，所需动力能耗较低，得到的粉料流动性也较好。喷雾干燥塔的能耗占建筑陶瓷工厂的总能耗约 1/5，主要有几个方法可以提高喷雾干燥的效率。提高泥浆浓度，降低水蒸发的无效能耗；提高泥浆的温度；增加进塔热风温度，塔顶辅助喷嘴，提高热效率；塔体改造提高单位产能。喷雾干燥塔的调节主要有三个方面进行。设置调节热风炉炉膛温度、喷雾干燥塔进风温度和排风温度；调整泥浆柱塞泵压力；调整喷雾干燥塔内压力。

#### (1) 喷雾干燥塔开机

喷雾干燥塔开机操作流程见表 8-1。

**表 8-1 喷雾干燥塔开机操作流程**

| 序号 | 操作顺序 | 操作内容 | 备注 |
|---|---|---|---|
| 1 | 供燃料 | 开燃料总阀 | |
| 2 | 开风机 | 开排风机 | 风机前调节阀全关时启动。风机运行 10min 左右 |
| 3 | 热风炉点火 | 1）开燃烧机前的燃料阀；2）燃烧点火；3）逐渐加大配风和燃料量，热风炉升温到指定的热风温度（进风温度）达 500℃ | 注意：若为气体燃料每次点火前必须排风 10min，以免点火时残存气体爆炸 |
| 4 | 烘塔升温 | 1）开配风阀：先开动排风阀，再开配风阀<br>2）调节排风阀使塔顶进风温度不超过 500℃，塔内负压为正常值（−200～300Pa）<br>3）排风温度达 150℃后转入水喷雾操作 | 当喷雾塔塔顶温度升温至 400℃时，须用高压水枪对喷雾塔分风器、塔顶、塔身上部进行冲水定型：喷雾塔第一次升温生产时，升温速度不能过快，以每小时升温 100℃为宜 |
| 5 | 水喷雾 | 1）打开泵吸入管上的水阀。2）起动泵、调节泵压为 1～2MPa，此时应控制喷嘴开启个数不能都开。3）随进风温度升高，渐增进塔热风量，增开喷嘴，保持排风温度在 80℃以上。4）此过程到各项工艺参数达额定值时止 | 吸入管上的浆阀应关死，防止水倒流入浆池。短期停车后开车可不经水喷雾阶段 |
| 6 | 泥浆喷雾准备 | 1）开塔底振动筛。2）开塔底粉料运输设备。3）开测温仪表的自动记录装置 | |
| 7 | 泥浆喷雾 | 1）开闭泵吸浆管路上的相应阀门、改吸泥浆。2）增开喷嘴个数至额定值。3）调节各风阀的开度，使各温度、压力参数在额定值，干粉含水率合格 | |

续表

| 序号 | 操作顺序 | 操作内容 | 备注 |
|---|---|---|---|
| 8 | 生产检查 | 1）定时检查各设备运行情况<br>2）定时记录各工艺参数<br>3）定时测定泥浆及干粉的含水率 | |
| 9 | 运行异常 | 见运转期间对故障采取的措施 | |

（2）喷雾干燥塔停机（表 8-2）

**表 8-2 喷雾干燥塔停机操作流程**

| 序号 | 操作顺序 | 操作内容 | 备注 |
|---|---|---|---|
| 1 | 泥浆喷雾转换成水喷雾 | 交替开关各喷嘴，使浆管、喷嘴洗净。开关泥浆管上的相应阀门，改吸浆为吸水 | |
| 2 | 停热风炉 | 关闭热风炉燃料阀、停止供应燃料、停助燃风机 | |
| 3 | 停泥浆泵 | 1）停泥浆泵；2）打开泥浆过滤器上的排污阀把浆管中的浆、水放尽 | |
| 4 | 停排风机 | 先停雾化风机 3min，才可停排风机 | 不准在停雾化风机前先停排风机 |
| 5 | 停止各仪表工作 | | |
| 6 | 停止各冷却水、洗涤水的供给 | | |
| 7 | 关总电源 | | |

（3）喷雾造粒操作控制技术参数

① 泥浆水分：32%～36%；② 泥浆细度（万孔筛余%）：1%～2.5%；③ 泥浆密度：1.66～1.78g/cm$^3$；④ 泥浆黏度（流速）40～90s；⑤ 粉料水分：6%～8%；⑥ 粉料容重：>90g/100mL；⑦粉料级配：20 目以上：小于 3%、40 目以上：48%～65%、60 目以上：85%～95%、100 目以下：小于 3%；⑧粉料颗粒呈球形。

（4）操作使用注意事项

① 新塔生产前 15 天的塔顶温度不得超过 500℃，用以保证整个塔体的顺利定型，15 天后视生产情况可逐步提高到 650℃；

② 升温及喷粉过程中即时关注热风炉和喷雾塔的使用情况，发现问题及时解决，如不能解决需及时上报；

③ 第一次喷粉结束后，现场负责人须对喷雾塔塔顶、塔身、热风炉进行详细检查（塔顶变形情况、冲顶及粘壁现象、水煤浆炉结焦情况等）；

④ 绝不允许在停供热系统前停排风机（很容易发生爆炸）。

（5）喷雾造粒常出现的问题

① 泥浆喷雾冲顶，粉料结块。主要由于泥浆喷嘴压力过大或泥浆过稀，泥浆冲顶粘附在顶壁上，粉料结块落下。

② 粉料口流出泥浆。主要由于喷雾压力不够或泥浆过浓。

③ 粉料流出干湿不一。主要由于热风炉内分风器温度分布不均。

④ 粉料颗粒级配分布不合理。主要由于泥浆浓度、黏度、喷嘴泥浆压力及孔径大小、喷嘴数量及分布不合理，热风炉及塔内温度设置不合理，以及它们之间相互匹配不合理。

生产视频：
喷雾干燥造粒

### 8.3.5 粉料输送与存储

（1）皮带输送机的操作规程

① 检查皮带输送机各皮带机是否能安全启动；

② 合上电源，按启动顺序进行启动；

③ 观察各皮带运行位置是否合适、振筛是否可靠；

④ 待一切正常后即可开始进行送料；

⑤ 当工作结束后，关掉电源停机。

（2）料仓的操作事项

① 压机用料宜采多料仓放料，以保证压机用粉料的持续均匀性；

② 要经常注意料仓内粉料位置情况，当放至到最下位时，应停止该料仓放料；

③ 经常查看压机料仓的存料情况，以便调整放料量。

生产视频：
料仓陈腐及放料

## 8.4 喷雾干燥虚拟仿真实训

考虑到喷雾干燥操作的危险性及复杂性，开发了喷雾干燥虚拟仿真实验项目用于学生进行仿真实训。学生可以通过本项目学习掌握陶瓷原料颗粒级配对产品质量的影响，熟悉喷雾干燥造粒的基本工作原理，了解喷雾干燥设备的组成与构造，以及掌握相关安全操作知识与技能。通过在线三维场景化模式操作选择材料、调节参数等重要手段，在交互式学习中体验和掌握喷雾造粒安全操作规程。学生通过线上软件测试后，有助于线下进行工厂实际操作，增加实习的安全性，培养学生的创新开拓性能力。

喷雾干燥
虚拟仿真
实验操作手册

## 8.5 考核评价

原料加工工序总分10分，分以下五项评分。能识别建筑卫生陶瓷主要原料，了解其性能要求1分；熟悉建筑卫生陶瓷的原料加工工艺及关键工艺参数2分；熟悉主要加工设备，掌握主要加工设备的安全操作规范 3 分；喷雾干燥虚拟仿真实训 3 分；组织纪律（安全、卫生、考勤等）1 分，根据学生具体表现评分。

组长评价 10 分，根据组长能否组织、协调好全组成员做好安全、卫生、纪律等工作，全组成员整体表现情况进行评分。

# 第9章 建筑卫生陶瓷的成型

## 9.1 实训目的

① 认识成型工艺在建筑卫生陶瓷生产过程中的重要性，掌握国内外建筑卫生陶瓷目前主要成型工艺原理、成型类型、成型方法和选择依据。

② 掌握建筑陶瓷干压成型工艺，了解建筑陶瓷砖干压成型的布料技术、设备及其工艺流程，熟悉压制成型的常见缺陷及其解决办法。

③ 熟悉卫生陶瓷高压注浆成型工艺，掌握主要工艺参数及其对产品性能的影响。

④ 熟悉挤出成型工艺及提高成型性能的措施，了解挤出成型模具等成型设备。

⑤ 了解其它常用的成型机械设备。

## 9.2 压制成型粉料的工艺性质

压制成型是通过外力把粉料根据模具形状制作成具有规则形状、尺寸和强度的坯体。压制过程中松散的粉料在合适压力作用下发生颗粒重新排布、弹性形变和破碎，形成坯体。粉料的工艺性质对压制成型的坯体质量至关重要。

粉料是由细小固体颗粒组成，是在材料本身不发生改变的情况下，分散或细化而得到的固态颗粒，与固体不同的是具有流动性和变形性能。通常在实际应用中的陶瓷粉料一般比较细微，表面活性较大，在一定程度上会产生团聚，即所谓的二次颗粒。影响陶瓷成型的主要因素有颗粒的粒径分布、粉料的流动性和粉料的含水率。

**（1）粉料的粒径分布**

颗粒的粒径分布是表征固体颗粒的重要指标，粉体颗粒的粒度分布虽然是不连续的，但在实际测量中可以将接近于连续粒度范围视为多个离散的粒级，得出质量分数或个数百分比，作为陶瓷粉体的粒度分布。

粉料颗粒堆积时存在着大量的空隙，粉料的堆积密度和堆积形式与粒度分布有关。粗颗粒多，在压力下容易破碎，不容易形成致密坯体，影响坯体强度；粉料中微细或超微细粉的比例愈大，愈容易发生夹层，这是由于小颗粒偏多，粉料透气性差，在压制成型过程中因排气困难而阻碍了气体的逸出，使颗粒间气体不易排净，从而造成坯体夹层。实际生产中通常有粗颗粒、中颗粒和细粉，合适的粒度级配有利于提高堆积密度，堆积密度越大，坯体在压制的过程中需要排出的空气就越少，符合合适粒度的颗粒才能得到致密和具有一定强度的坯体，坯体质量才有利于提高。

压制成型的粉料多采用喷雾干燥造粒，其粒径范围在 40～600μm 之间，60%～70%的粒径集中在 200～400μm 之间，通常粗颗粒、中颗粒和细粉分别在 55%～65%、10%～30%和 15%～30%之间。

（2）粉体的流动性

粉料虽然由固体颗粒组成，但因其分散度较高，喷雾干燥后也多为球状颗粒，故具有一定的流动性。常以粉体的休止角来表示其流动性，休止角是粉体堆积层自由斜面与水平面形成的最大夹角。休止角越小，流动性越好。在成型中，粉料的流动性决定了填充速度和填充程度。流动性差的粉料难以填满模具，生产容易产生压制厚度不均等缺陷，影响成型产量和坯体质量。

（3）粉体的含水率

在压力不变的情况下，粉料含水率低，加压成型时颗粒间摩擦力大，要使坯体达到很密实不太容易；同时粉料空心颗粒的比率增加，造成颗粒中空气量的增加，空心颗粒排出气体需冲破外壳，这样又增加了气体排出的阻力，在这种情况下，排气不良容易造成坯体夹层。当含水率逐渐增大时，由于水的润滑作用，压制成型时坯体容易密实，但当含水率超过一定值时，坯体密度反而降低，并出现大量夹层，这是因为压砖机第一次压制时，粉料间隙大大减小，透气性降低，此时坯体内存有大量残余气体，当进行第二次压制时，坯体内气体被挤压至某一部位，即产生夹层。因此在采用较高压力压制坯体时，可稍微降低粉料含水率，以保证在取得一定的坯体强度的同时，又避免出现夹层。

当粉料陈腐时间不够，造成局部过干或过湿，会造成压制成型困难，使坯体出现夹层。克服的办法可延长粉料的陈腐时间。

陶瓷墙地砖一般采用干压成型，干压成型采用钢模，粉料含水率一般为 6%～8%。采用等静压成型的产品因采用弹性模，粉料含水率一般为 1%～3%。

## 9.3 成型技术

### 9.3.1 瓷砖全自动液压机安全操作规范

我国建筑陶瓷产量大、花色品种多，通常按使用功能进行划分。主要有：内墙釉面砖、外墙砖、地砖、广场园林砖等，对应的工艺及压制成型机械种类繁多，目前最为主流的仍是瓷砖全自动液压机（简称压机）。压机是现代墙体砖生产线的核心关键设备，操作人员必须掌握液压砖机说明书内容，弄清机器构造、电器控制，否则不得上岗操作和维修；非操作人员严禁私自操作。牢记安全第一，严格按照规范操作。

（1）操作安全注意事项

① 必须严格按照《压机操作规程》进行操作。

② 操作人员应进行岗前操作培训，必须熟悉设备性能，工作时头脑清醒，严守操作规程，严禁非工作人员操作设备。

③ 在运行中，切不可触摸运动部件，生产期间应集中注意力，以防突发情况发生。

④ 严格按照要求加油定期检查，正常使用中，润滑油有损耗必须及时补充。每天检查螺栓松紧情况，如有问题及时解决。

⑤ 压机进行维修时，如无特殊需要，压机安全杆必须打上。

⑥ 维修后需调机时，一定要先检查推粉架和压机冲头下是否有人和其它杂物，确保无误后方可开机。操作人员严禁直接将手伸入上下冲头之间，特别是上冲头已吸有上模芯时。

⑦ 维修油路系统时，必须保证压力为低压状态。

⑧ 维修粉料架，调试同步带、闸门等部件时，操作人员和维修人员一定要配合、沟通好方能进行操作。

**（2）压机操作流程**

① 开机前准备工作

检查压机供水、水泵、冷却系统、供电、三相电压、压机主机系统和泵站等是否正常；检查压机油量是否充足；检查压机模具、推料器安装是否正确牢固；准备好充足的符合标准的粉料；阅读压机运行记录。

② 开机顺序

合上电源开关，检查三相电压是否正常；

合上微电脑控制电源开关，检查控制盘显示是否正常；

检查磁吸器吸力是否正常，模具是否对位；

启动主油泵，正常运转一分钟，检查压力系统是否正常再设定压力值，确认系统正常后进行压制。

③ 压机操作时的安全事项

压机换模及清洁模具，必须将安全杆拉起，顶住上冲头。压机工作时，保持粉料检测器工作正常，方能保证压机有料冲压，避免压机的模腔内没有粉料空压而压坏模具。保证模具不走位、碰边，否则会影响模具寿命和压机质量。保证推料器行程足够且左右水平高度一致，距离模框 0.8～1mm 之间，以确保压机填料均匀，以免损坏压机。

压机工作时，必须保证油温在 35～50℃之间，确保压机机件寿命。

在紧急情况发生时，立即按“急停”开关，将压机停止工作。

④ 停机顺序

按压机自动周期停止按键，待压机最后一次冲压完成后，转到手动状态。将最后一次压砖推出，然后转到设置状态，将冲头升起到最高位，将下模芯降至最低。再依次关掉主泵、微电脑电源、主电源、冷却水泵。

生产视频：
压制成型

## 9.3.2 卫生瓷高压注浆成型技术

高压注浆是采用加大泥浆压力的方法来加速水分扩散速度。高压注浆是指泥浆注浆压力大于 1.5MPa 的注浆形式，多用于建筑卫生陶瓷行业，由于石膏模型受强度的限制，无法满足压力的要求。因此高压注浆一般采用的是高强度树脂模具。泥浆在高压下在模具内脱水、吃坯、定型。泥浆颗粒在模具工作面依次沉积，形成一定强度的坯体，泥浆压力越大，成型速度越快。模具为水分的排出提供通道，并赋予产品一定的形状。高压注浆的工作次序如下：

① 首先将模型封闭，合模压力比例于成型坯体的大小。一般要大于注浆压力。合模以后将具有一定压力的泥浆注入模型内，并逐渐加压到最高压力。

② 加压过程中，泥浆中的水分通过模型下部的小孔滤出，泥浆硬化成型。

③ 硬化成型注浆完毕后，模型自动开启，抽真空，坯体受到负压贴于模型上，然后在模型中通压缩空气使坯体脱离模具，脱模成型完毕。

### 9.3.3 连续式挤出成型技术

挤出成型是采用真空练泥机、螺旋或活塞式挤坯机，将可塑料团挤压向前，经过机嘴定型、达到制品所要求形状。挤压成型不仅可以成型黏土质坯料，也可以成型瘠性坯料配以适量黏合剂而成的塑性料团。

用于挤出成型的泥料，对可塑性具有更高的要求。可塑性是指黏土与适当的水混练后形成的泥团，在一定的外力作用下产生形变但不开裂，当外力去除后，仍能保持形状不变的特性。陶瓷的可塑性泥料中的水的含量是影响挤出成型的泥料性能的主要因素，用于挤出成型的坯料含水率在保持良好的可塑性的前提下应尽可能低，这样才能制备出良好的泥料。颗粒的大小和形状对塑性也有一定的影响。粒度越小，对多数泥料的可塑性都有提高；理想的粒度分布和合适的颗粒的形状也可以提高泥料的可塑性。对于建筑卫生陶瓷来说，坯料中一般含有大量的黏土，使得泥料的可塑性好。对于塑形料较少的坯料，也可以通过加入一些添加剂如羧甲基纤维素、聚乙烯醇等来提高泥料的可塑性。

挤出成型工艺控制要点如下。

① 坯料真空处理　用于挤出成型的坯料必须经过严格的真空处理，以除尽坯料中的气泡。

② 挤出力　是挤出成型的关键，挤出力过小时，泥料含水率较高时才能挤出，这样所造成的坯体强度低、收缩大。若挤出压力过大，则摩擦阻力大，设备负荷加重。挤出力大小主要取决于机头喇叭口的锥度。

③ 挤出速度　当挤出力固定后，挤出速率主要取决于主轴转速和加料快慢。出坯过快，坯料的弹性滞后释放，容易坯体引起变形。

### 9.3.4 卫生瓷等静压成型技术

等静压成型是利用液体介质的不可压缩性和均匀传递压力的一种成型方法。等静压成型有湿式和干式两种。

湿式等静压成型操作过程为：

粉料称量→固定好模具形状→装料→排气→把模具封严→将模具放入高压容器内→把高压容器盖紧→关紧高压容器的支管→施压→保压→降压→打开高压容器的支管→打开高压容器的盖→取出模具→把压实坯体取出。

对于干式等静压成型，操作过程可简化，下面重点介绍几个操作过程。

① 备料　与干压法相似，对无塑性的粉料颗粒要求细一些（20$\mu$m 以下的粉料的含水率1%～3%）。水分太多，不易排出空气，并易产生分层。采用喷雾干燥的粉料颗粒较好，易于均匀填满模具内。

② 装料　采用振动抽真空装料，更易于填满模具。

③ 加压　一般为 1.96MPa，无塑性的坯料压力要高些。

④ 降压　成型后要避免突然降压，以免生坯内外气压不平衡使坯体开裂，因此要均匀缓慢地降压。

# 9.4 成型常见缺陷原因及分析

## 9.4.1 墙地砖成型常见缺陷原因及分析

建筑陶瓷在生产过程中，会产生几十种的缺陷，有些缺陷在成型过程中就已经产生，下面就墙地砖的几种典型的缺陷从压制成型的角度进行分析讨论。

① 压制成型产生的色差　压机的成型压力，特别是最大压力的变化，会影响到生坯致密度波动，最大压力大，生坯致密度好，光洁度好，烧成呈色均匀；反之，最大压力小，生坯致密度差，表面粗糙，烧成呈色差，从而随成型压力变化，两批产品出现色差。

生坯厚度发生变化也易造成瓷质砖色差。若厚度偏大，砖坯难以烧成，瓷化程度降低；若厚度偏小，砖坯烧成容易，瓷化程度好。两者呈色不一致，使两批产品之间出现色差。

② 夹层　即压制出的坯体内部出现分层现象。一是粉料性能原因，另一个是成型时压机原因，这里重点讨论成型时压机原因。在压制过程中，如果上模下降过快，导致第一次加压过快，压力过大，无法使气体从模腔内的粉料中排出，极易造成坯体分层。此外，如果上模提升不到位，或提升速度太快，使第一次与第二次冲压的时间间隔过短，模腔内的粉料中气体未完全逸出，也易造成坯体夹层缺陷。为减少夹层缺陷，应考虑采取“先轻后重”的方法，降低第一次和第二次的加压压力，以及适当增加排气时间及排气行程。

③ 压机和模具对变形的影响　如果在布料过程中，模腔边缘填料不足，产品会产生烧成后两边向上翘、中间向下凹的变形；反之，如果中间填料不足，产品会产生两边向下凹，中间凸起的变形。如果模具的模芯与侧板的间隙太大，压制时会造成模芯四周的粉料喷出，使边缘填料不足，产品烧成后会产生两边上翘、中间向下凹的变形。

④“大小头”　产生“大小头”原因多种，但由压机主体倾斜或上冲梁与下工作平台两工作面不水平，以及喂料机的安装及其参数的设定问题也可造成“大小头”缺陷。

⑤ 压机导致坯体开裂　其裂纹形式多种，有的未经烧结就可看见裂纹，如崩裂和纵裂，有的则要在烧成后才能发现，如边裂和炸裂。崩裂是指坯体的侧面有极细小的不规则裂纹，其产生的原因是模具内衬板出模斜度不合适，使坯体在脱模时侧面受到摩擦力作用。解决的办法为调整衬板出模斜度。纵裂是指砖坯背面中间位置有纵向裂纹。其产生原因是模具的下模芯顶坯速度太快，坯体难以承受来自下模芯强大的冲击力，作用于坯体之上的反弹力集中在坯体中间部位扩张，引起纵向裂纹。此外，下模芯调整不平，使坯体在脱模时受力不均，也容易造成此种缺陷。

⑥ 崩边角　这种缺陷大多数是由于成型等机械原因所致，它也是瓷质砖生产中最常见的缺陷之一。主要原因如下：如果推坯器表面材料过于坚硬或者推坯速度过快，都会导致坯体边角破损；下模芯顶不到位；粉体的流动性不好，致使模腔四边部位不易填满，导致成型后坯体边角部位强度低，容易造成坯体掉角；坯体强度低，耐冲击和碰撞性能差，易引起崩角。可通过加大压机成型压力，或者调整配方，改善生坯强度来克服。一般要求坯体的最小抗折强度是0.6～0.7MPa。

⑦ 黑心　一般由于坯体中的有机物或含铁化合物因氧化不足生成碳粒或铁质所致。压制成型阶段也会引起黑心缺陷，主要由于：成型压力过高，坯体致密有机物分解不易排出导致黑心；成型时喂料不均，坯体局部致密度太高，透气性变差使有机物燃烧产生气体不易排出发生还原反应所致，可通过对喂料器及模具的调整来解决；坯体太厚，也会导致有机物燃烧后气体不易逸出，从而发生还原反应产生黑心。

### 9.4.2 卫生陶瓷成型常见缺陷原因及分析

卫生陶瓷制品常见缺陷细分有十几种。在产品外观品质的有关国家标准中，把一些主要的、容易发生的缺陷规定为变形和 10 项外观缺陷：裂纹、棕眼、缺釉、斑点、落脏、磕碰、坑包、凹凸、橘釉、烟熏等，并且规定了各类品种的缺陷范围。下面着重对与注浆成型相关的几种缺陷产生的主要原因进行分析讨论。

（1）变形

① 注浆模型过干；擦模方法不当，擦模不均匀；模内湿坯收缩不一致，使坯体局部塌陷或局部过早脱模，导致变形。

② 在注浆过程中，由于泥浆表面起皮，或在封闭模型的漏浆过程中在空腔内产生了负压，形成湿坯塌陷。

③ 过早脱模，坯体含水率偏高；修坯、黏接操作不当；坯体偏薄或厚薄不一致等。

④ 模型整体或局部不符合规定要求，如模型偏薄、平面凹凸、边缘扭曲等；样板、木托等不符合要求，失去对坯体的控制作用。

（2）裂纹

① 擦模过程中，用力不均匀或操作方法不当。

② 揭模或湿坯脱模过早、过晚。

③ 模型结构复杂，模型造型或结构本身影响湿坯在模型内均匀地收缩。

④ 模型对口缝处溢浆，使坯体在对口缝处开裂。

⑤ 坯体脱模后，在某一部位的重力作用下，使悬空部位接茬处开裂，或某一部位含水率高，受力不均匀，造成坯体开裂。

⑥ 脱模湿坯与垫托接触部位不相吻合，垫托受外力作用而开裂。

⑦ 修坯黏接时，刀具不锋利，用力不均匀，坯体含水率过高或过低，室内温度高，室外多风等，造成割口与修坯部位开裂。黏接坯体不实、不牢；各部件与主件含水率不同，收缩不一致，使坯体在干燥时开裂。

⑧ 打孔眼操作不妥，打孔器具不锋利，造成制品眼孔部分开裂。

⑨ 坯体底部、凹沟处、漏浆处存浆，或底部模型过干、过湿而造成制品开裂。

⑩ 坯体在施釉过程中或在存放、搬运、检验等环节不慎磕碰，造成制品开裂。

（3）斑点

① 石膏模型强度低，不干净，沾有石膏渣等，注浆前又未清除干净。置放注浆碗、合模时不慎磕碰模型，有石膏碎屑混入坯体中。

② 擦模时，有棉布、海绵等碎屑落入模型内，在注浆时混入坯体中；修坯时，有绒布、毛巾、海绵碎屑粘在坯体上。

（4）坑包

坑包是指釉面不平，出现直径大于 1.5mm 的破口泡。注泡是指釉面出现凸包或破口，泡的内表面光滑并且无釉。产生于注浆工序。

① 管道设备不合理或供浆压力高、速度快，泥浆冲击力大，有空气卷入泥浆内。

② 模型的空气眼不通畅；注浆速度快，注浆时冲击强烈，模型内出现封闭空腔，模内卷入空气不能及时、有效地排出。

③ 在实心注浆的坯体内部有空气潜伏，烧成后使制品表面凸起或破口。

④ 模型过湿，形成开口注浆泡；模型对口缝不严，在注浆过程中出现跑浆，造成泥浆液面升降不稳，或使泥浆液面降至空腔的某一部分，形成“二次空腔”，空腔部位的空气难以排出，再注浆时产生注浆泡。

（5）棕眼

① 擦模力量过大，模型过湿，失去对泥浆的吸水能力。

② 注浆方法不对。例如：注浆阀门开得过大，造成注浆过快、过猛，冲击力大；阀门因堵泥空隙小，使注浆压力增大，均容易在坯表形成密集的针孔状小泡。

③ 修坯时未能消除坯体上已经存在的棕眼。

④ 施釉时，因个别产品的坯体沟洼处积有灰尘等，且坯体的含水率又高，强行进行喷釉，局部产生棕眼。

## 9.5 全自动液压压砖机虚拟实验

通过真实数据建立全自动液压压砖机三维模型，在直观形象身临其境的系统环境下完成丰富的操作功能，虚拟仿真实验项目能够全方位展示全自动液压压砖机成型工艺过程，通过对机器的装拆掌握机器的内部结构和工作原理，模拟粉体压制过程，主要参数对成型的影响，使学生在系统提供的虚拟实验场景中进行瓷砖压制成型认知实验。

全自动液压压砖机虚拟仿真实验操作手册

## 9.6 考核评价

建筑卫生陶瓷的成型工序总分 10 分，分以下五项评分。掌握国内外建筑卫生陶瓷目前主要成型方法、工艺原理和选择依据 2 分；熟悉主要成型设备结构、成型模具、供料系统及粉料性能要求 2 分；掌握主要成型设备全自动液压压砖机的安全操作规范及控制参数，能够进行成型操作 3 分；全自动液压压砖机虚拟仿真实训 2 分；组织纪律（安全、卫生、考勤等）1 分，根据学生具体表现评分。

组长评价 10 分，根据组长能否组织、协调好全组成员做好安全、卫生、纪律等工作，全组成员整体表现情况进行评分。

# 第 10 章 建筑陶瓷装饰技术

## 10.1 实训目的

① 了解建筑卫生陶瓷主要装饰工艺方法及釉线上装饰。
② 掌握丝网印刷、辊筒印刷及喷墨打印的运用场景。
③ 熟悉喷墨打印操作规程。
④ 了解其他装饰方法。

## 10.2 釉线传统平面装饰技术

建筑卫生陶瓷中，卫生陶瓷的装饰相对简单，通常以素色釉面结合贴花为主，陶瓷墙地砖的装饰则主要经历了丝网印花、辊筒印花、喷墨打印三个过程，其中喷墨打印技术因其数字化、非接触装饰等突出优点目前已成为主流。数字化可以实现瓷砖装饰个性化、小批量、多花色的要求；非接触印刷装饰则合适于瓷砖凹凸表面的设计效果。

釉线的主要功能分为三类，一是釉面装饰作用，二是平面装饰作用，三是立体装饰作用。围绕这三种装饰功能，釉面装饰对应有淋釉、喷釉、甩釉、打点等装饰工艺方法。传统的陶瓷平面装饰有丝网印花、辊筒印花等表面纹样装饰，同时还有干粒机、刷坯机等一些立体装饰工艺方法，以呈现一些如仿天然石材的特殊装饰效果。

### 10.2.1 丝网印刷技术

丝网印刷是陶瓷生产中较为成熟的装饰应用技术，是通过有图案的网版印刷各种陶瓷颜料的过程。将陶瓷色料与印油调和成为印刷釉，通过丝网印刷机印在坯体或者釉面上，达到在陶瓷制品所需表面装饰效果。这种装饰方法工艺相对简单，但操作工艺的要求较高，曾是建筑陶瓷墙地砖生产中应用最为广泛的装饰技术，目前仍有在使用，如三度烧产品中的釉中印刷，瓷砖表面效果版印刷及以发色金属盐为印刷釉的渗花砖，均采用丝网印刷技术。丝网印刷釉也称为“花釉”，通常由印刷粉、色料和印油三部分调和组成。用于渗花砖的印刷釉则采用可发色的无机金属盐、增稠剂、络合螯合剂及水组成。

渗花砖大多采用直接丝网印刷法，印刷图案较为精细，生产效率高，其工艺流程如下：

底版制作（阳图）→丝网版制作（直接感光制版法）→晒版→渗花釉制备→打样→砖坯表面处理→丝网印刷

从上述工艺流程中我们可以看出，瓷砖丝网印刷与一般丝网印刷工艺的不同之处是渗花釉制备、砖坯处理等工序。在生产过程中，如果工艺控制不当，对渗花砖的质量会产生较大影响。下面着重探讨在建筑陶瓷渗花砖上应用丝网印刷工艺时应注意的一些问题。

（1）丝网与砖坯的间距对印花质量的影响

在丝网印刷中，砖坯与丝网之间的间距直接影响到印刷图案的精度。随着刮板的移动，丝网会发生一定的变形，印刷在砖坯上的图案与丝网上的图案也就不完全一样，因此从理论上分析，砖坯与丝网间距越小，砖坯上图案的精度越高。在建筑陶瓷渗花砖的实际生产控制中，间距既不能太大也不能太小。

在丝网印刷过程中，当刮板刮过丝网后，要求丝网必须在渗花釉依附到网丝上以前离开砖坯表面，否则会由于渗花釉大量渗入坯体而造成图像边缘模糊。而且，如果丝网离开砖坯的速度太慢，随着渗花釉中水分的挥发，渗花釉容易黏附在丝网上，渗花釉颗粒不断聚集，造成丝网网孔堵塞。砖坯与丝网的间距对丝网离开坯体表面的速度有直接影响。当间距很小时，在刮板的移动过程中，丝网的变形量较小，其产生的向上张力也就减小，丝网离开砖坯表面的速度下降，如果渗花釉黏度较大，就可能依附到网丝上而使丝网无法离开砖坯表面，造成严重的印花缺陷。

丝网与砖坯的间距也不能过大。间距过大，不仅使图案的精度降低，而且对丝网材料的强度提出了更高的要求。而且，丝网离开砖坯表面的速度加快，渗花釉渗入到坯体的量相对减少，会使图案浅而模糊。因此，丝网与砖坯间距是一个重要参数，应根据图案精度要求和渗花釉的性能来综合考虑。

（2）砖坯性能对印刷质量的影响

与普通丝网印刷工艺不同的是，砖坯的性能（包括砖坯的含水率、温度等）对产品的色彩和图案质量都有较大影响，在实际操作中，坯体必须保持一定的湿度和温度才能适应丝网印刷工艺的要求。

砖坯的含水率主要是指其经过干燥工序进入丝网印刷工序时的水分含量，其含水率的高低对丝网印刷工序影响较大。当砖坯含水率过低时，渗花釉通过丝网网孔时将很快被砖坯吸收，易造成釉料颗料的聚集、干结，使网孔堵塞，给印花造成困难。当砖坯含水率过高时，砖坯对渗花釉的吸收速度慢，若此时砖坯与丝网的间距又小，刮板刮过后，丝网可能无法在渗花釉依附到网丝上以前离开砖坯表面，即釉料易黏附到丝网上，造成网孔堵塞。因此，在实际生产中一般要求砖坯的含水率控制在 0.2%以下。

如果砖坯的温度过高（高于 70℃），在印刷过程中，渗花釉中的水分在遇到高温坯体后会快速蒸发，使渗花釉的黏度变大，黏稠的釉料容易堵塞丝网网孔，造成印刷困难。另外，进入坯体的着色离子也会随着渗花釉中水分的蒸发而发生迁移，着色离子从坯体内部大量集中到坯体表面，造成渗花不深、图案模糊。但是，如果砖坯的温度过低（低于 30℃），坯体中的毛细孔缩小，渗花釉渗入坯体的阻力相应增大，着色离子也就很难进入坯体内部，导致渗花釉在坯体表面横向扩散，使产品图案模糊，且颜色很浅。因此，为了提高印刷产品质量，应严格控制砖坯的温度，一般控制在 45～65℃为宜。

（3）渗花釉性能对印刷质量的影响

渗花釉相当于普通丝网印刷工艺中的印刷油墨，它通常是用可溶性着色化合物加入固体调黏物、水和活性添加剂等配制成的一种具有一定黏度且又能稳定存放（不分层、沉淀和变质）的流体状物质。要求渗花釉必须具备以下性能：一是具有一定的黏度，在刮板运动时产生较高的阻力；二是有充分的流动性，能顺利通过丝网网孔；三是达到一定的颗粒度，防止堵塞网孔。

在渗花釉的一系列性能指标中，黏度是一个非常重要的参数，对印刷质量的影响较大。若黏度太大，首先是对印刷工艺不利，容易产生黏网、堵网和破坏坯体表面现象；其次，当坯体表面釉料黏度较大时，离子扩散阻力增大，使釉浆停留在坯体表面而难以渗入内部，高温烧结后图像模糊且浅淡。造成黏度过小的原因可能有两方面：一是助渗剂的加入量过多；二是渗花釉本身的浓度过低。如果是由于助渗剂加入量过多而造成的黏度过低，则着色离子在助渗剂的作用下会渗花过深，导致着色离子在坯体中的浓度降低，高温烧结后颜色变浅、模糊。如果是渗花釉本身浓度过低，则釉浆中的水分增多（实际上水也是一种助渗剂），着色离子的浓度也随之降低，高温烧结后的图像同样模糊、浅淡。

釉浆粒度对印刷质量有一定的影响，太细则表面张力增大，易出现釉层干燥开裂，烧结后产生缩釉、烂花等现象。釉浆粒度太粗，则会提高熔融温度，影响着色离子渗入坯体的深度，影响色釉的发色能力，使图案的色浓度降低；同时，粒度太粗的釉浆在丝网印刷时易出现糊版现象，还会加快网版的磨损，降低耐印力。在实际操作中，釉浆粒度的控制一般以丝网网孔开口尺寸大小的一半作为其颗粒大小的上限。

（4）丝网对印刷质量的影响

丝网网孔大小的选择一方面与产品图案质量要求有关，另一方面与渗花釉的性能密切相关。为了获得高质量的精致图案，一般可选用高目数的丝网。对于黏度一定的渗花釉而言，如果丝网的网孔太密、太小，在印花时渗花釉就很难通过丝网网孔到达砖坯表面，即使能印到砖坯表面，也会因为渗花釉数量有限造成渗花效果差、图案浅而模糊。如果丝网的网孔太大，透过丝网到达坯体表面的渗花釉量就多，容易在坯体表面向外扩散，同样造成图案模糊不清。在实际生产中，应根据渗花釉的黏度合理选择丝网目数，对黏度较大的渗花釉，丝网网孔可适当大一些；而对于黏度较小的渗花釉，丝网网孔则应小一些。一般来说，丝网的目数可控制在60～120目。

丝网的松紧对印刷工艺和印刷质量有一定的影响。若丝网绷得过紧，丝网离开坯体时的张力相对较大，离开坯体的速度较快，丝网与坯体接触时间减少，渗花釉透过丝网印刷到坯体表面的量相对就少，此时要想得到清晰的图案，必须减慢刮板的运行速度。若丝网绷得过松，丝网离开坯体时的张力相对较小，离开坯体的速度较慢，丝网与坯体的接触时间延长，渗花釉透过丝网印刷到坯体表面的量相对就较多，容易造成产品图案横向扩散。

在实际生产中，要正确控制好丝网与砖坯之间的间距；切实注意渗花釉性能和砖坯性能的改变对印刷质量的影响。在工艺操作上要有针对性地作出调整；根据具体产品的要求和渗花釉的性能选择丝网的网目数，合理调节丝网松紧程度，只有这样才能得到高质量的印刷图案。

丝网印刷安全操作规范如下。

① 操作人员培训和劳动保护：操作人员必须经过专门培训并持有工作证件才能上岗。在操作过程中，必须穿戴安全鞋、工作帽、口罩、手套等个人防护用品，严禁穿宽松衣物以免发生危险。

② 工作场所安全：工作场所应保持整洁，丝网印刷设备应与其他设备保持安全距离。

③ 设备检查与维护：操作前应检查丝网印刷设备的结构和操作方法，确保设备正常运转。操作人员应熟悉设备使用手册，并按照指导进行操作。

④ 印刷操作：根据生产需求准备所需的丝网、网框等印刷材料，并确保丝网的完整性和清洁度；需要根据产品要求和渗花釉性能合理调节丝网的松紧程度，过紧的丝网会导致图案印刷量减少，而过松的丝网则可能导致图案扩散；在操作过程中，禁止有使用手机、吸烟、嚼食等会分散注意力的行为；留意进砖的砖坯温度，应控制在45～65℃，避免因温度过高导致的渗花釉黏度增加和图案模糊，或因温度过低导致的图案颜色浅淡和扩散；丝印操作时，刮板应均匀而平缓地进行刮印，使印料穿过网孔印到产品上；印刷完后对产品进行检查以确保印刷质量。在操作过程中，发现设备异常情况，必须立即停机检修，并及时向上级汇报。

### 10.2.2 辊筒印花技术

陶瓷辊筒印花技术是一种用于瓷砖表面印花的传统技术，具有悠久的历史和成熟的工艺。辊筒印花技术起源于1785年，由苏格兰人T.贝尔发明，辊筒印花应用在建筑陶瓷行业之前，曾大量运用在纺织行业，是丝网印刷的迭代产品之一。其使用激光雕花制板技术，可以制造出非常精致细腻的图案。该技术多用于陶瓷釉面制品，能够实现瓷砖表面的凹凸印刷，使得砖的表面层次丰富，图案纹理清晰、细致，色彩鲜艳，效果逼真。

相比丝网印花，辊筒印花技术能够实现更精细的图案，并且由于是连续印花，生产量大，对位精准，使用寿命长，提升了产品的品质和生产效率。尽管辊筒印花技术具有许多优点，但其设备成本和使用成本较高，制作周期长；随着喷墨印花技术的发展，辊筒印花技术逐渐被更先进的喷墨技术所取代。喷墨技术提供了更高的清晰度、灵活性和生产效率，同时降低了生产成本。

虽然喷墨技术在很多方面超越了辊筒印花技术，但辊筒印花依然在特定应用领域内保持着其独特的地位和价值，尤其是在需要特殊效果和色彩较深图案的瓷砖生产中。

辊筒印花的主要设备是辊筒印花机及胶辊，胶辊的内部由铝合金支撑，外部有一层硅胶，在硅胶上以特定工艺角度雕刻孔洞形成花纹。印花时先在辊筒表面粘上花釉，每一个胶辊上只用一种花釉（一个颜色），辊筒印花机上锋利平整的刮刀将多余的花釉刮除，经雕刻的辊筒表面凹孔内就存有花釉，当辊筒转动时，印有花釉的图案便转移到陶瓷砖的表面。通常的印花机一般为4～6色套色印刷，最多可达12色，辊筒印花机的印刷速度可达70～100m/min。

辊筒印花基本工艺流程为：将图案文件输入计算机，由计算机控制的激光器在印花胶筒层上雕刻出相应的微孔，形成连续印刷图案。通过这种方式实现瓷砖表面的连续印花。

陶瓷辊筒印花技术的操作规范如下。

① 设计图案　首先需要设计好要印刷的图案，并制作成设计图案文件。

② 辊筒准备　将辊筒固定在印花机上，确保图案对准定位砖坯，并拧紧辊筒固定螺丝。

③ 辊筒制作　设计师将图案文件交给雕刻公司，通过计算机控制的激光器在印花胶筒层上雕刻出相应的微孔，形成印刷图案。

④ 调整设备　加入辊筒印花釉，调整辊筒及刮刀，以适应砖坯的厚度和确保图案的准确印刷。

⑤ 启动印花：启动印花机开始对版，根据印花质量调整设备参数，确保图案清晰、色泽均匀。

⑥ 连续印花：辊筒印花技术可以实现瓷砖表面的连续印花，与平面丝网印花相比，它能够实现凹凸面的印刷，使砖面图案更加丰富和逼真。

⑦ 质量检查：印花过程中，定期检查印刷质量，包括图案的清晰度、颜色的均匀性以及是否存在缺陷。

⑧ 设备维护：定期对印花机进行维护和清洗，确保设备处于良好的工作状态。

⑨ 安全操作：操作人员上岗前应参加培训并考核合格；操作设备时应穿戴好个人劳动防护用品，如安全鞋、手套等，以确保操作安全。

⑩ 环境控制：印花车间应保持良好的通风和适宜的温度，以保证印花釉的稳定性和印刷质量。

⑪ 后处理：印花后的瓷砖需要经过适当的干燥和烧制过程，以确保印花图案的牢固和色泽的鲜艳。

这些操作规范确保了陶瓷辊筒印花技术的高效运行和产品质量以及操作人员的安全。

## 10.3 陶瓷喷墨打印技术

继丝网、辊筒印刷之后所出现的陶瓷喷墨打印技术，被称为陶瓷印花技术的第三次工业革命。

陶瓷喷墨打印技术是一种无接触、无压力、无印版的印刷技术，可以提供一种低成本、高清晰度、高效利用材料和消除浪费的生产工艺。陶瓷喷墨打印技术有以下几个优点：在较短的时间内可以实现个性化的设计和生产，极大地节约了制版时间；打印图案及打印过程数码编程，灵活多变，适应生产线及市场的需求；图案的分辨率高，陶瓷的装饰效果更加逼真；图案修改方便，特别适合小批量或者个性化的需求；可以实现诸如仿树皮、仿原木之类的釉砖表面凹凸不平的立体面装饰；生产自动化程度高，操作便利；生产过程中减少产生废弃物，工作环境得到了极大的改善，实现了真正的清洁生产，种种优势使得喷墨打印成为建筑瓷砖目前最为主流的装饰技术。

喷墨打印机一般由喷头及喷头清洁系统、供墨系统、操作及控制系统等组成。其中喷头系统由喷头、喷头矩阵及喷头板组成，供墨系统包括墨盒、过滤器、墨泵、管路等在内的循环供墨系统，操作及控制系统包括显示器、芯片、接口在内的驱动电子设备、控制软件等组成，以及辅助的输送系统、清洁系统等。

陶瓷喷墨打印机应用时主要应注意几个方面，喷头防尘、管路防堵和墨水防沉淀。生产中每隔一个小时应自动清洗一次喷头，如需进行擦拭喷头等手动操作时，要做好全程的防尘保护，避免操作不当导致粉尘吸附到喷头上造成堵点等缺陷。定期更换过滤器，一般每 2 个月更换一次。过滤器长时间使用后会有部分残渣沉积。影响过滤的效率，增加加墨泵、循环泵工作强度，也容易导致缺墨。陶瓷墨水是由无机色料、有机溶剂、分散剂等成分组成，长期静置后色料颗粒会沉降到容器底部形成沉淀，使用前应用摇墨机分散墨水后再上线使用。

### 10.3.1 陶瓷喷墨打印机操作规程

陶瓷喷墨打印机的操作规程一般包括以下步骤。

(1) 开机操作

① 检查电源和开关是否正常，确保设备处于断电状态下。

② 打开设备的电源开关，确保供墨系统系统正常工作。

③ 按照设备操作手册的要求，检查墨水液位≥80%。

④ 进行喷墨机的各项初始化设置，执行喷头测试打印。

(2) 喷墨操作

① 根据产品要求和喷墨机的规格设置进行调整，包括喷墨速度、喷墨厚度、墨色等。

② 将待喷墨的陶瓷产品放置在运输带上，并确保产品位置准确。

③ 按下启动按钮，开始喷墨作业。

④ 监控喷墨过程中的喷墨效果，如发现有喷墨质量下降、喷墨不均匀等问题，应立即停机检查。

⑤ 监控墨盒的墨水消耗情况，及时补充墨水，以免影响喷墨质量。

(3) 操作结束

喷墨作业完成后，按下停机按钮，将设备停机并断开电源。

(4) 日常维护和保养

定期清洁喷头、更换耗材、检查设备运行状态等，以确保设备的稳定运行和打印质量的稳定提升。

请注意在操作过程中保持安全，避免因操作不当导致的人员伤害或设备损坏。

具体的操作规程可能因设备型号、生产厂家或实际生产需求而有所不同。因此，在操作陶瓷喷墨打印机之前，建议仔细阅读设备操作手册，并遵循厂家提供的操作规程和安全注意事项进行操作。

以常见的 kerajet 喷墨打印机为例，其操作步骤如下。

① 为拟打印件创建相应的线性文件和色卡文件，其中 RGB 模式的设计稿件可通过 CJ 软件分版为多通道模式的文件，CJ 分版后的文件通过 CD 软件转换为打印机可识别并加载了相应色卡文件的文件。

② 检查墨缸墨水储量，首次运行时须清洗打印喷头。

③ 由桌面图标“P7”进入打印机操作界面，点击“open”打开拟打印的文件，第一次开机或排除故障警报后首次运行时，须点击“motion control”进入操作界面，然后点击“REF”以使设备复位。

④ 退出“motion control”界面，点击“start printing”，设置“printing height”时保证喷头距被打印件最高面的距离不小于 3mm，依据需要设置“quality”和“print position”，勾选“Limpiar antes de imprimir”。

⑤ 点击“print”开始打印。

⑥ 查看打印质量，据此调节墨水系统压力值和更改“quality”的设置。

### 10.3.2 喷墨打印机常见故障排除

以 kerajet 喷墨打印机为例，常见的故障排除如表 10-1 所示。

表 10-1 kerajet 喷墨打印机常见故障排除

| 故障现象 | 可能原因 | 常用解决方法 |
| --- | --- | --- |
| 打印检测，检测拉线 | 墨水是冷的 | 1. 确定是哪个模块和电路的问题<br>2. 检测二级墨盒的加热循环系统<br>3. 打印检测文件，看显示是否解决问题 |
| 打印检测，重叠打印 | 配置问题，检查打印线条是否在两个喷头中间。 | 从“Carga”软件检查打印重叠 |
| 打印检测，不同色调 | 1. 两个喷头间的色调不同<br>2. 喷头某一部分色调不同 | 1. 设置 RANK 电压<br>2. 设置打印区域电压（PTRIMS） |
| 可见的明显缺陷 | 喷头有污垢或者有损坏 | 1. 用溶剂清洗喷头<br>2. 更换喷头 |
| 打印单元无效，无法通讯或打印 | 1. 检查控制卡，橙色 LED 亮<br>2. 检查网络电缆<br>3. 开关故障 | 1. 通过断开电源和网络电缆再次连接来重启喷头<br>2. 确保从 CARGA 软件中选择了打印头<br>3. 再次加载图片 |
| 其中一色不打印 | 墨水回路故障 | 1. 墨水回路打开<br>2. 墨水过期<br>3. SRA 系统打开<br>4. 墨水工作温度不准确<br>5. 检查压力阀 |
| 墨滴 | 喷头压力太高 | 检查阀门，从控制面板设置 |
| 打印测试时检测到一些未对齐的情况 | 打印错位 | 检查打印设置，如果有打印延迟和重叠须重新设置。 |

## 10.4 陶瓷喷墨打印花纸装饰技术

在陶瓷生产过程中，较为平整的平面陶瓷制品的装饰可以使用丝网印刷、辊筒印刷等直接接触式的印刷方式，也可以使用喷墨印刷非接触的印刷方式，工业化生产实现方便，对于一些规则的曲面如柱状、碗状等瓷器的装饰丝网印刷也可以实现。然而对于一些异形或者有特殊要求的承印材料或承印物，丝网印刷、辊筒印刷、陶瓷喷墨打印就难以实现，对于这种异形或者有特殊要求的承印物可采用间接装饰方法——陶瓷花纸装饰技术。

陶瓷花纸装饰技术是以陶瓷花纸为中间体，将装饰图案先印刷在陶瓷花纸上，然后通过“水转印”将花纸上的图案贴至陶瓷表面，经过一定温度的烘烤，就可以将图案牢牢地印刷在陶瓷表面。

花纸装饰技术在日用陶瓷中最为常用，对建筑卫生陶瓷而言，陶瓷花纸装饰技术主要应用在瓷砖三度烧及卫生陶瓷上。三度烧是指在瓷砖（特别是釉面砖）成品表面的再装饰技术。是以已经烧成的瓷砖为基础，再次进行丝网印花、贴花纸、印电光水、堆熔块干粒等装饰工序和多次烧成工艺，是成品瓷砖的再装饰技术的总称。

目前传统的陶瓷贴花纸是丝网印刷花纸，丝网印刷花纸的工艺包括：制版工艺、纸张的加工、油墨的配制、印刷等几部分组成，其中制版是丝网印刷花纸的核心，包括花面设计、分色、激光成像（也称照排）、出底板胶片、晒版（出印刷板）等多部分组成，制版的周期长、工艺复杂、价格高；丝网印刷花纸的清晰度受限于丝网的细度，很难实现高精度的图案；由于制版的复杂，其图案装饰灵活性降低，不适合小批量、个性化生产；丝网印刷花纸一次只能印刷一种颜色，若要实现复杂的装饰效果则需要多次套色才能完成，而高档的丝网印刷花纸其工艺更加复杂。

陶瓷喷墨打印花纸装饰技术利用陶瓷喷墨打印设备将陶瓷墨水打印到合适的花纸上，可制备出装饰陶瓷贴花纸以及光催化贴花纸、负离子贴花纸等功能性花纸。该技术将陶瓷喷墨打印与陶瓷花纸相结合，不但具备适合装饰非平面陶瓷产品，同时具有陶瓷喷墨打印的生产数字化、图案清晰度高、从设计到生产工艺简单，适合小批量、个性化定制等优点；也完全克服了丝网印刷花纸制版周期长、工艺复杂、价格高、受限于丝网的细度很难实现高精度的图案等缺点，而成为一种最新发展的装饰技术。

该技术的重点与难点在于花纸的研制。与丝网印刷的油墨不同，为了保证较好的流动性，喷墨打印的陶瓷墨水是黏度相对较低的油性墨水，打印在花纸表面很难快速干燥，花纸的打印面如果表面性质没有调配合适以及打印干燥工艺不当等，往往会导致图案模糊。

该技术经景德镇陶瓷大学与广东特地陶瓷有限公司多年的联合攻关，从纸基的选型、水溶性胶层及封面油的研制，到涂布、打印、干燥等系列工艺的研究，目前已研制成熟。喷墨打印的花纸图案清晰度高、色彩鲜艳、效果逼真；经过转印烤花后，图案牢固地附着在陶瓷表面，无明显色差，转印效果好，如图 10-1 所示。

(a) (b) (c) (d)

图 10-1 低温陶瓷花纸转印效果

(a)、(b) 喷墨打印花纸的图案效果；(c)、(d) 图案经过转印陶瓷产品烤花后的效果

# 10.5 考核评价

建筑卫生陶瓷的装饰技术总分 10 分，分以下五项评分。了解建筑卫生陶瓷主要装饰工艺方法及釉线上装饰，掌握丝网印刷、辊筒印刷及喷墨打印的运用场景 2 分；熟悉喷墨打印

设备组成和安全操作规程，在老师的指导下能够进行基本操作 5 分；了解其他装饰方法 2 分；组织纪律（安全、卫生、考勤等）1 分，根据学生具体表现评分。

组长评价 10 分，根据组长能否组织、协调好全组成员做好安全、卫生、纪律等工作，全组成员整体表现情况进行评分。

# 第 11 章
# 建筑卫生陶瓷的烧成

我国是陶瓷生产大国，建筑、卫生陶瓷的产量均居世界第一，建筑卫生陶瓷烧制的窑炉数量较大，窑炉燃料品种多样，其中以天然气和水煤气为燃料的窑炉最多，烧制建筑卫生陶瓷的窑炉种类以辊道窑和隧道窑为主。烧成是陶瓷生产过程的关键环节，辊道窑和隧道窑是建筑卫生陶瓷生产的核心设备。在高温烧成过程中，陶瓷原料会发生一系列复杂的物理、化学和物理化学反应，窑炉在使用过程中难免会产生这样那样的问题。要对这些问题及时、准确地作出判断，并采取迅速、有效而又经济的方法加以解决，其关键在于对窑炉的烧成原理和烧成过程作出适当的调试和控制。要掌握窑炉的调试和控制技术，要求窑炉操作人员不仅有相应的理论知识，而且有窑炉操作能力。

## 11.1 实训目的

① 通过实训，使学生掌握辊道窑和隧道窑的结构及工作原理；

② 理解建筑卫生陶瓷在烧成过程中复杂的物理化学变化；

③ 掌握根据建筑卫生陶瓷坯釉配方及要求进行烧成制度设计的能力；

④ 熟练掌握辊道窑和隧道窑的点火操作、风机启停、传动运转、进出窑车等常规操作技术；

⑤ 熟练掌握辊道窑和隧道窑的温度、气氛及压力调控等陶瓷烧成操作技术；

⑥ 掌握辊道窑和隧道窑的保养和维护技术；

⑦ 培养学生在窑炉故障时应急处理事故的能力；

⑧ 通过分析总结影响产品烧成缺陷的各种因素，提出解决办法，使学生理解陶瓷烧成中的“一因多果、一果多因”问题的复杂性，进一步培养学生解决“复杂工程问题”的能力。

## 11.2 辊道窑

辊道窑是近几十年发展起来的一种新型快烧陶瓷工业窑炉，主要用来烧制建筑陶瓷。辊道窑可认为是一种截面呈狭长形的隧道窑，其最突出的特点是用许多平行排列的转动的辊子组成的辊道来代替窑车作为烧制坯体的运载工具，在窑内完成烧成工艺过程，因此得名辊道窑。

辊道窑断面呈扁平形（图 11-1），制品一般为单层焙烧，故基本上不存在上下温差；辊上下还能同时加热，并且制品不装匣钵（采用裸烧），传热速率加快，窑内断面温度也均匀，从而大大缩短了烧成时间，保证了快速烧成的实现。

图 11-1　现代建筑陶瓷辊道窑（部分）

辊道窑广泛采用新型轻质耐火材料，并且取消了窑车和匣钵，仅用薄垫板，建筑瓷砖还大多不用垫板，使热耗大为降低。辊道窑属中空窑，窑内阻力小，压降就小，故窑内正负压都不大；加上辊道窑无曲封、车封、砂封等空隙，因而窑体密封性能好，减少了漏风，从而大大提高了热利用率。没有了窑车吸热，也没有了车下漏风，减少了窑内上下温差。

辊道窑机械化、自动化程度高，不仅降低了工人的劳动强度，还保证了产品质量的稳定。而且辊道窑能与前后工序连成完整的连续生产线，大大提高了生产效率。另外，辊道窑占地少、结构简单、建造快（一般不超过三个月），因而见效快，经济效益高。

### 11.2.1　辊道窑工作原理

（1）窑炉内气体流动特点

辊道窑由于断面高度小，几何压头造成的上下气体流速差很小，尤其是没有了窑车，不存在窑底漏入冷风而造成预热带上下冷热气体分层，因而上下温差小。加上辊道窑大都采用中、高速烧嘴，将燃气或燃油高速喷入窑内燃烧，扰动作用激烈，所以辊道窑烧成带基本上温差很小，一般都在±1～2℃以内。而辊道窑预热带和冷却带多设有热风喷口、喷嘴、冷风喷管等，还有抽热风口，有气流喷入窑内或造成气体循环，形成强烈的扰动，上下温差也不严重，一般都在±5℃以内。

辊道窑又属中空窑，窑内阻力很小。对烧成建筑瓷砖的辊道窑而言，窑内阻力可分为上下两个通道来计算。辊道窑窑内压降较小，烧成带由于有烧嘴将气流喷入窑内，动压头补充了静压，每米窑长压降在 0.1Pa 左右；预热带每米窑长压降也不超过 1Pa，故预热带的负压也较小。因此，只要加强辊子与孔砖的密封，辊道窑气体的逸出和冷空气的漏入远比传统隧道窑小。

（2）窑炉内气体传热特点

辊道窑内制品一般采用裸烧，且被双面加热，加上辊道窑为中空窑，气体辐射层厚度大，有利于加强烟气对制品的辐射传热。因此，辊道窑内传热条件好，传热速率高，这也是辊道窑能成为快烧陶瓷窑炉的原因。正由于辊道窑内传热速率高，加上窑体采用了轻质耐火材料，保温条件好，气体传给窑体内壁的热量多，而窑体外壁向外散失的热量少。这样，窑体内表面温度必然高于制品温度，窑体内壁会对制品进行二次辐射，这也是目前隔焰辊道窑不设置窑顶火道的原因。当然，此时更要注意加强窑顶保温，保证窑顶温度高于制品温度，使窑顶内壁将热量辐射给制品。

辊道窑多采用单层放置坯体进行烧制，以发挥辊道窑双面加热和冷却的优势。也有采用窑具多层放置，但料垛高度低，一般不超过两层。通道断面的工作高度不高，应稍大于坯体或料垛高度（用垫板时还应包括垫板的厚度）。坯体以上的空间高度（自由空间高度）应由烧嘴所需高度来确定。烧嘴处于最大功率时的烟气射流空间的所需大小决定自由空间的大小。由于燃烧系统采用小功率密排烧嘴布置方式，使得自由空间不需较大，因而断面高度也有所下降。辊下高度的确定主要考虑到辊下烧嘴气流的通畅性，以免影响辊下温度的均匀性，同时还要考虑到辊道运行的安全性以及事故处理较为简便。如果辊下高度太小，一旦从辊上掉下制品或碎片，不能完全落到窑底上，就会阻挡制品向前移动，引起制品堆积而卡窑。如果有足够的辊下高度，当发生辊上卡窑时，便可通过抽出卡窑部位的辊子，使堆积的制品完全落到辊道下，落到辊道下的制品及碎片再通过事故处理孔掏出。然而，辊下高度过高会导致窑体散热增加，影响辊道窑的单位热耗。

### 11.2.2 辊道窑结构

建筑陶瓷产品烧成的辊道窑，其结构是按产品的特点进行布置的，目前先进辊道窑都是标准化系列化设计制造。辊道窑窑体分节（每节长约 2～2.2m）按模数设计，预制组装，窑体的预制组装件采用金属框架结构，框架使用金属方管兼作风管，结构紧凑，窑体外部采用钢板包装，坚固美观，窑体在长度方向上分为排烟、烧成和冷却三带，其中冷却带又分为急冷、缓冷和快冷（尾冷），其结构如图 11-2 所示。

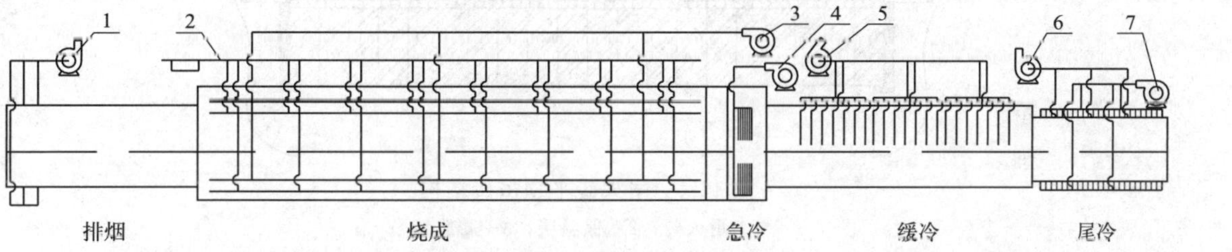


图 11-2　气烧明焰辊道窑结构

1—排烟风机；2—燃气管；3—助燃风机；4—急冷风机；5—抽热风机；6—尾抽风机；7—尾冷风机

窑体结构主要包括窑墙、窑顶、窑底以及窑体附属结构等。

#### （1）窑墙

辊道窑的窑墙与其它窑墙有所不同，它由上窑墙和下窑墙组成，分隔上下窑墙的是能穿过辊棒的辊孔砖。由于辊棒长度受到一定限制，所以辊道窑的窑墙都做得比较轻薄。这样，一方面能降低窑墙的重量，另一方面能减小窑墙的厚度。根据窑墙所处的使用温度不同其厚度和材料配置也有所不同。通常情况下，辊道窑的窑墙由保温层和砖结构层组成，这种结构也称为复合结构。一般来说窑墙内衬高温段为轻质高铝砖或高铝聚轻球砖或耐火纤维，低温段采用耐火纤维板或耐火钢板；中间使用硅酸钙板或耐火纤维板；外层使用岩棉板，在墙的最外层覆盖不锈钢板。外层不锈钢板可以保护岩棉板；其辐射率较低，能够有效减小窑墙向外界的辐射热损失；也增加辊道窑的美观效果。单层明焰辊道窑的复合窑墙结构如图 11-3。

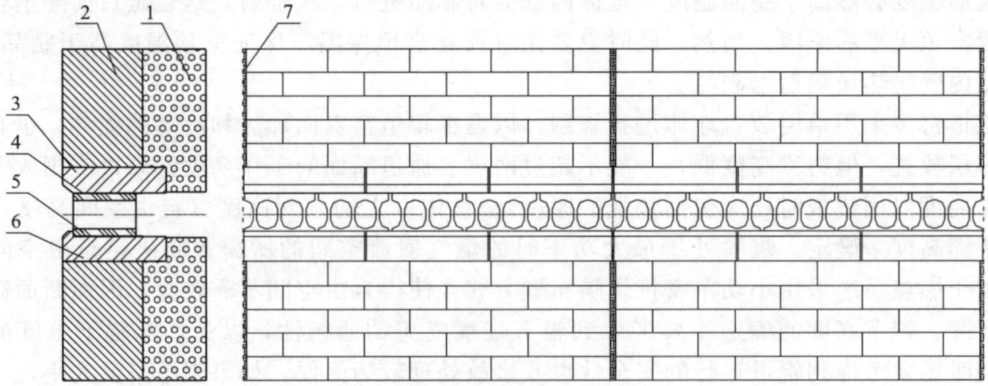


图 11-3　复合窑墙结构

1—保温层；2—砖结构层；3—倒角砖；4—纤维纸；5—孔砖；6—钩砖；7—膨胀缝

(2)窑顶

辊道窑窑顶在辊道窑窑体中是最重要的结构。它不仅影响窑炉的使用寿命，还影响产品的质量。由于窑顶位于窑体的最高层，其散热损失也是最大的。辊道窑的窑顶主要有两种：平顶和拱顶。平顶窑是将耐火砖通过吊挂件，将吊顶砖平行吊挂于窑顶。拱顶窑是将窑顶砖做成楔形，这些楔形砖依靠自身的形状，在窑炉的横断面排列成弧形结构。平顶吊砖结构如图 11-4 所示，拱顶窑结构如图 11-5 所示。

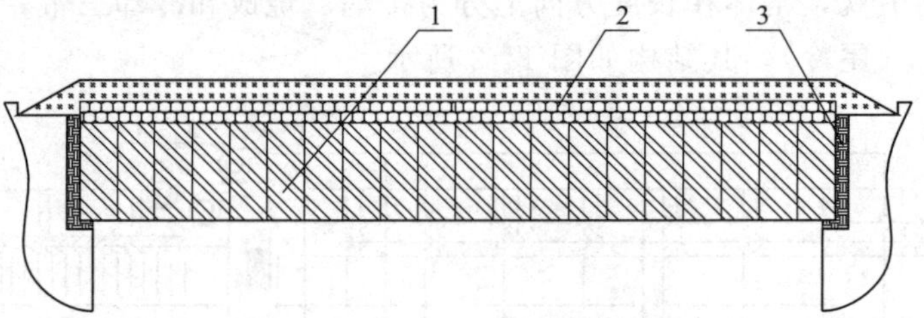


图 11-4　耐火砖平顶吊砖结构

1—耐火砖；2—保温层；3—膨胀缝

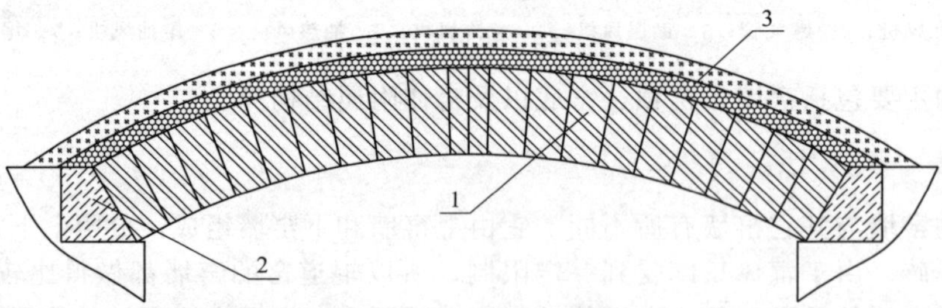


图 11-5　拱顶窑结构

1—楔形砖；2—拱角砖；3—保温层

(3)窑底

窑底结构比窑顶结构要简单的多。一般窑底的内层为高温防护板，外层为轻质高铝砖，再外层用蛭石保温。有的辊道窑将助燃风管布置在窑底的蛭石保温内，以利于预热助燃空气。

（4）窑体附属结构

① 事故处理孔

在实际运行中，难免出现辊子断裂或转动失灵以及制品炸裂造成的堵塞事故，为及时清理堵塞，排除事故，需要在窑墙上设置事故处理孔，事故处理孔分布在两侧窑墙的辊上和辊下，呈交错排列。对于事故多发段要设置较多的事故处理孔。事故处理孔的宽度为240～480mm，高为65～135mm，间距为1m左右。此外，每隔2m左右要设置一个人孔，用于检修和事故处理。在辊道窑运行时，这些孔要用轻质耐火砖砌严。

② 测温孔和测压孔

为对主要温控点进行检测，在窑顶或辊面上下设置测温孔，间隔为2m左右。为精确控制窑内压强，在一些关键点要设置测压孔。

③ 观察孔

用来观察窑内制品的运行情况和烧嘴燃烧情况，一般设计成由外向内扩大的锥形。

④ 膨胀缝

膨胀缝的设置非常重要，其大小和多少要根据耐火材料的热膨胀特性来决定。在预热带和冷却带可以比烧成带稀一些。为了保证节与节间的气密性，膨胀缝一般设置在每节的中部，大约10～20mm宽。当砌体为多层时，各层的膨胀缝要错层留设。

⑤ 挡墙

由于辊道窑为中空窑，气流的阻力小，不易调节窑内的温度制度和压力制度，所以，在窑的某些部位要设置挡墙——辊下砌筑挡墙，辊上插入挡板。

近年来辊道窑窑体不断朝着大型化的方向发展。表现之一是辊道窑窑长的增加，窑长增加使烧成的产量增加，使烧成制度沿窑长方向的变化较平缓，易于控制调节，同时也削弱了外界环境气候等因素变化对窑炉烧成的影响，有利于提高产品的质量。表现之二是窑宽的增加，从节能的角度来看则意味着窑炉单位体积的表面积减小，也就是单位产量的窑炉外表面散热减少，从投资的角度来看则表明单位产量窑炉的一次性投资减少。表现之三是多层辊道窑的增加，是指两层及两层以上的辊道窑，多层辊道窑节省面积，产量大，可降低单位制品热耗，但多层辊道窑操作结构复杂，部分结构材料性能要求高，各层之间的相互牵扯影响干扰较多。

## 11.3 隧道窑

隧道窑是现代化的连续烧成陶瓷制品的热工设备，陶瓷工业中除建筑瓷砖外，其它工业如耐火材料、磨料、磨具、砖瓦等生产，也广泛使用隧道窑。隧道窑一般是一条长的直线形隧道（图11-6），其两侧及顶部有固定的墙壁及拱顶，底部铺设的轨道上运行着窑车。燃烧设备设在隧道窑的中部两侧，构成了固定的高温带-烧成带，燃烧产生的高温烟气在隧道窑前端烟囱或引风机的作用下，沿着隧道向窑头方向流动，同时用于预热进入窑内的制品，这一段构成了隧道窑的预热带。在隧道窑的窑尾鼓入冷风，冷却烧成后的制品，鼓入的冷风流经制品而被加热后再抽出，可送入干燥器作为干燥生坯的热源，这一段便构成了隧道窑的冷却带。在台车上放置装入陶瓷坯体，连续地由预热带的入口慢慢地推入（常用机械推入），而载有烧成品的台车，由冷却带的出口渐次被推出来。

图 11-6 陶瓷隧道窑

### 11.3.1 隧道窑工作原理

（1）隧道窑内的气体流动

窑内气体在流动时，主要受到了窑内压头和制品、窑具的影响。研究窑内气体流动主要是为了克服不利影响，使窑内气体合理流动，减少温差。

根据柏努利方程，影响窑内气体流动的因素有几何压头、静压头、动压头和阻力损失压头，在窑内各压头会给气体一定的流动方向，产生不同的气体流动。

a. 几何压头 因为隧道窑是和外界相通的，窑内热气体密度总小于外界冷空气密度，而且窑内有一定高度，所以窑内有几何压头存在。几何压头使窑内热气体由下向上流动，气体温度越高，几何压头越大，向上流动的趋势越大。隧道窑烧成带温度高于预热带及冷却带，所以有热气体自烧成带上部流向预热带及冷却带，同时较低温度的气体自预热带和冷却带下部回流至烧成带，形成两个循环，如图 11-7 所示。

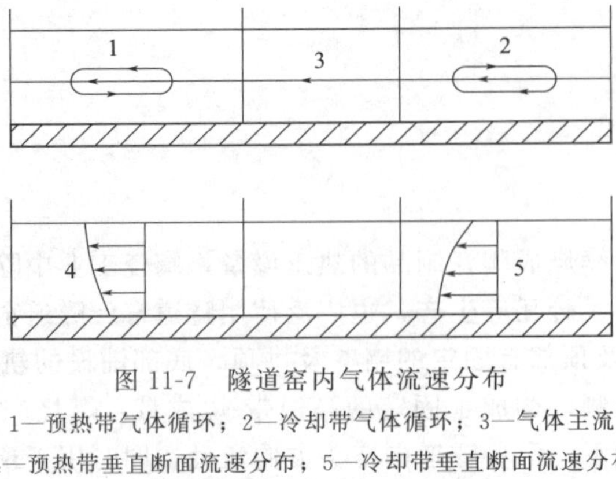


图 11-7 隧道窑内气体流速分布

1—预热带气体循环；2—冷却带气体循环；3—气体主流

4—预热带垂直断面流速分布；5—冷却带垂直断面流速分布

由于排烟机和烟囱的作用，隧道窑内气体主要的流向是由冷却带到烧成带再到预热带。在预热带上部，主流和循环气流方向相同，而下部相反。冷却带和预热带则相反。所以冷却带应该由上部鼓入冷风，迫使冷空气多向上流动；而预热带热烟气则应由下部抽出，迫使烟气向下流动。这样，就可以使隧道窑内上下气流均匀，温度均匀。

由各带温度不同造成的上下气体循环对操作影响并不大。在烧成带和冷却带上下温差并不严重。而在预热带，由于处于负压操作，从不严密处漏入大量的冷空气使气体分层严重，上下温差大。

b. 静压头　隧道窑要通入空气和排出烟气，有鼓风、抽风和排烟等设备，使窑内气体的压强和外界的压强不同，给窑内造成各种静压头。静压头所引起的气流方向是由压强高的地方流向压强低的地方。窑内有鼓风处为正压，有抽风处为负压，由负压到正压要经过零压处（指该处窑内绝对压强等于窑外空气绝对压强）。一般隧道窑长度方向上，预热带和烧成带组成一个系统，烧成带有空气和燃料喷入，造成微正压；预热带烟囱或排烟机抽走烟气而形成负压。冷却带急冷气幕喷入处和窑尾冷风鼓入处为正压，抽热风处为负压，在冷却带气体的流向是由急冷处和窑尾流向抽热风处。

从隧道窑的一个垂直断面来看，若忽略断面上下动压的变化，上部与下部的几何压头和动压头之和应该是相等的，几何压头和静压头是可以相互转化的。总的来说，任一垂直断面上，上部静压头总是大于下部静压，最多也只能出现一条零压线。在烧成带长度方向正压段，上部正压大，下部正压小，全断面均呈正压；在预热带长度方向负压段，上部负压小，下部负压大，全断面呈负压。在烧成带和预热带交界处有一零压地段，上部零压偏于预热带，下部零压偏于烧成带，中部零压在两带的交界面附近，一般控制零压在预热带和烧成带交界处附近。若零压过多移向预热带，则烧成带正压过大，有大量热气体外溢，会损失热量；若零压过多移向烧成带，则预热带负压过大，易漏入大量冷空气，造成气体分层，上下温差大。

c. 动压头　动压头给予气体的流动方向。隧道窑的各种气幕和循环装置就是利用动压头喷出的不同方向和强大的功能来削弱几何压头的作用，达到使窑内上下温度均匀的目的。增加气体流速即增加动压头，可以提高对流传热系数，缩短烧成时间。但增加流速，增加动压头，也增加了窑内的阻力。

d. 阻力损失压头　阻力损失指窑外管路系统的阻力损失和窑内的阻力损失。阻力损失压头包括摩擦阻力和局部阻力以及料垛阻力。

窑外管路的阻力关系到风机压强和功率或烟囱高度的设计。所以应合理设计管道的长度、直径和布置方式，力求降低窑外阻力损失，达到最经济的风机和烟囱设计。

窑内的阻力损失，主要和窑长、截面积、料垛码法、烧嘴、鼓风、抽风和排烟口的布置、窑的产量和燃料消耗量等因素有关。

料垛阻力来源于料垛本身，隧道窑内大部分气流是由料垛外部空隙通过的，小部分气流从料垛内部空隙流过，这是造成料垛内外温度不均匀的原因。若料垛内部码得太密，周围和窑墙窑顶距离太大会造成周边过烧而内部生烧。要使料垛温度均匀，必须合理码垛，使通道分布均匀，气流分布合理。

### （2）隧道窑内的传热

窑炉是个热工设备，在预热带和烧成带将制品加热烧成。在火焰窑炉中，燃烧产物或烟气将热量以对流或辐射的方式传给制品，在800℃以前以对流传热为主，在800℃以后以辐射传热为主。在冷却带，产品一方面以辐射的方式将热传给窑墙和窑顶，一方面靠空气对流由空气将热量从表面带走。制品在加热时，表面获得热量后以不稳定导热方式将热量传到内部；产品冷却时则相反。隧道窑的窑墙和窑顶温度不随时间而变化，墙和顶内表面获得热量后，以稳定的导热方式将热量传至外表面。

① 隧道窑内的气体对流传热

对流传热是隧道窑预热带和冷却带的主要传热方式，在使用高速烧嘴后，烧成带的对流传热的分量也很高。要快速烧窑，提高对流传热是一个有效途径，其方法有：

a. 扩大传热面积，将制品稀码，使制品能被热气体包围，所有表面都成加热面，尽量做到双面加热。

b. 增大气体与制品间的温度差。在烧成带，用最合理的空气过剩系数，预热空气减少，提高实际火焰温度。在预热带，防止漏入过多冷空气，以免降低气体温度。提高了气体温度，扩大了气体与制品间的温度差，使传热加快；而在冷却带，鼓入大量冷风，扩大制品与空气间的温度差，以加快对流传热。

c. 提高对流传热系数。对流传热系数受气体流速的影响很大，速度越大，对流传热系数越高。

② 明焰隧道窑内的气体辐射传热

火焰窑炉内烧成带和预热带高温段主要靠燃烧产物辐射传热给制品。预热带低温段由于温度低，辐射传热居于次要地位。冷却带只有空气，而空气不能接受辐射热，所以此段无气体辐射传热，产品冷却只靠空气对流传热带走热量。

③ 料垛间隙尺寸与对流、辐射传热的关系

隧道窑内对流传热系数和气体黑度都与料垛间隙有关，料垛空隙越大，对流传热系数越大，气体的黑度也越大。因此，隧道窑内稀码料垛，可以加快烧窑，缩短烧成时间。

④ 隧道窑窑车的积散热

隧道窑窑车自预热带到烧成带，上表面接受烟气、燃烧产物或电热元件供给的热量，逐渐把热量向内层传递，使衬砖温度升高积热；当热量传到下表面时，也向车下坑道散热。到了冷却带，窑车衬砖两面都向外散热。这种积热和散热属于周期性的不稳定导热。

⑤ 隧道窑内制品的加热和冷却

隧道窑内制品的加热和冷却属于不稳定导热，从不稳定导热可以计算出制品内部的温度分布，也可以找出制品内部热应力与温度分布的关系。因制品内外温度不同，引起制品内部产生应力。温度分布越不均匀，则应力越大越易造成废品，所以要制定烧成曲线，就必须知道制品在各个阶段允许的最大升温和降温速率，允许的最大内外温差。制品内部的温度分布，除与制品本身的性质、形状、厚度有关外，更和窑内的加热条件、升（降）温速率有关。升（降）温越快，内外温差越大，产生的热应力也就越大。制品在不同阶段允许多大的升（降）温速率，才不会超过制品的应力极限，是制定烧成曲线的依据。

### 11.3.2 隧道窑结构

隧道窑包括四个部分：窑体、窑内输送设备、燃烧设备和通风设备。

（1）窑体

由窑墙、窑顶、检查坑道和窑门等组成。

窑墙的作用是：与窑顶一起将隧道窑和外界分隔，在隧道内燃烧产物与坯体进行热交换，并承受窑内高温；支撑窑顶承受一定的重量；起到保温、防止窑内热量向外散失的作用。所以窑墙应具备三个条件：能耐高温、具有一定的强度、能保温向外界散失的热量小。

窑顶的作用和窑墙相似，但窑顶支撑在窑墙上，且在较为恶劣的环境下操作。因此，除了必须耐高温，积散热小及具有一定的强度外，窑顶还必须具备：结构好，不漏气，坚固耐用；质量小，减轻窑墙负荷；横推力小，少用钢材；尽量减少窑内气体分层。

检查坑道是为了便于清扫落下的碎屑和沙粒、冷却窑车以及在发生倒垛事故时，便于拖出窑车进行事故处理，在窑车下设置的可以供人行走的通道。

对于窑门，预热带窑门是保证窑内操作稳定，防止冷空气漏入以减小窑内分层，减小上下温差。冷却带窑门是防止从冷却带出口端漏出大量空气，使产品得到合理的冷却。

### (2) 窑内输送设备

窑内输送设备主要包括窑车和推车机。

窑车是隧道窑的重要组成部分，窑车质量的好坏直接关系到窑的工作是否正常。窑车造价很高，在窑的基建费中占了很大比例。窑车在窑内一面承受推车机的水平推力，一面又承受车上制品和窑具的重力，同时经受高温。因此窑车应具备足够的机械强度，耐热性好，以及反复加热和冷却而不变形。现代轻型窑车最下面为厚约 200mm 的耐火砖，上盖约 30mm 的耐火陶瓷棉毡，棉毡之间有耐火支柱。轻型窑车减薄了车上耐火材料厚度，既减轻了窑车重量，又减少了窑车积散热量，节约了燃料，提高了隧道内下部温度，减少了窑内上下温差。窑车两侧装有钢制裙板，窑车在移动时，裙板插入窑内两侧墙上的砂封槽中。砂封槽中盛有 1～3mm 的砂子。这样就构成了砂封，阻断了窑车上下空间，不使冷空气漏入窑内，热空气也不会漏出窑外。

为了防止高温部分热量直接辐射给窑车金属部分，并增加漏气阻力，在窑墙和窑车之间，以及两车衬砖之间做成曲折封闭，如图 11-8。

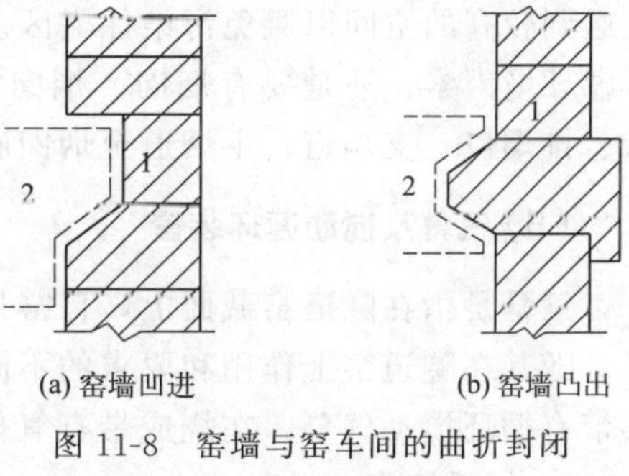

(a) 窑墙凹进　　(b) 窑墙凸出

图 11-8　窑墙与窑车间的曲折封闭

1—窑墙；2—窑车

为了使窑车在窑内移动，在隧道窑进车端装有推车机，推车机应使窑车平稳均匀移动，以免料垛倒塌。窑车的运动可以是间歇的也可以是连续的。间歇推车，每车温度急剧改变，产品温度不均匀上升，影响质量，而且推车快，不平稳，容易造成倒塌事故。连续推车，产品温度均匀上升，推车慢、平稳，不易出事故。

### (3) 燃烧系统

燃烧系统主要由烧嘴和其他附属设备组成。烧气体燃料时必须使用烧嘴，现代隧道窑的烧嘴一般是将燃料直接喷入窑内燃烧，使窑内温度均匀，热效率高，但要在料垛间留有足够的燃烧空间，一般要留好供烧嘴燃烧的火道。

一般隧道窑自 900～950℃左右开始一直到最高烧成温度布置烧嘴，分布有烧嘴的一带叫烧成带，一般占全窑长的 15%～30%左右。烧嘴的布置和窑内的温度均匀性有关，燃气隧道窑的烧嘴较多，且多采用上下双排相错布置的方式，下部烧嘴位置应使喷火口对准窑车的棚板下部通道，以利于下部制品的加热，上部烧嘴则布置在窑顶下部，使喷火口对准窑顶与料垛间的空间。

现代隧道窑多采用天然气，一般采用喷射式高速无焰烧嘴。如果喷射速度不高的话，火焰长度上的温度降落大，与初喷火焰接触的制品温度高，与火焰尾部接触的制品温度低，窑内温度不均。若采用高速烧嘴，可克服这个缺点。

（4）排烟系统

排烟系统包括烟气由窑内向窑外排出所经过的排烟口、支烟道、主烟道、排烟机及烟囱。

隧道窑预热带设有分散的排烟口。分散排烟的目的是为易于控制各点的烟气流量，保证按烧成曲线进行焙烧，同时迫使烟气多次向下流动，减少气体分层现象。分散排烟口的地段约占预热带长的70%，往往自进窑第二车位起，每车布置一对排烟口。

排烟口之下是支烟道和主烟道，支烟道起连接排烟口和主烟道的作用，主烟道的作用是汇集各支烟道的烟气送进烟囱。主烟道的布置有两种，其一是主烟道穿过窑底与另一侧主烟道会合后进烟囱，此时烟囱在窑的一侧；其二是两侧主烟道平行至窑头汇合后再进烟囱，此时烟囱在窑头。

排烟口、支烟道及主烟道的设计应尽量减少阻力，烟气进入烟道能顺利排走，所以烟道应避免急剧弯曲。排烟系统断面积在砌筑条件允许下大些好。原则上排烟口的总面积应等于支烟道的总截面积，等于主烟道截面积，等于烟囱出口截面积，但由于条件限制，往往有一定的出入。

排烟系统的末端设置排烟机和烟囱。在自然抽风的窑炉没有排烟机而只用烟囱。烟囱具有两方面的作用，一方面要有一定的高度造成足够的抽力以克服窑内阻力，另一方面要把烟气送到较高的空间以避免污染住宅区。在机械通风的窑炉，窑内阻力虽然有抽风机克服，但考虑环境因素，还是要有烟囱。烟囱或排烟机克服的阻力，应该自窑内零压面算起，经料垛、排烟口、支烟道、主烟道至烟囱底的全部阻力。

（5）气幕及搅动循环装置

气幕是指在隧道窑截面上，自窑顶及两侧窑墙上喷射多股气流进入窑内，形成的气体帘幕。随其在隧道窑上作用和要求的不同，气幕的形式和数量也不同。在窑头有封闭气幕，预热带有循环搅动气幕，在烧成带有氧化气氛气幕，在冷却带有急冷阻挡气幕。

① 封闭气幕

封闭气幕位于预热带窑头，将气体以一定的速度自窑顶及两侧窑墙喷入，形成一道气帘，由于气体的动压转化成静压，使窑头形成1～2Pa的正压，从而避免冷空气漏入窑内。气幕风一般使用抽自车下热风，或由冷却带抽来的热空气。

② 搅动气幕

为减少预热带的气体分层，常在该带设置2～3道搅动气幕，将一定量的热气体以较大的流速和一定的角度自窑顶一排小孔喷出，迫使窑内热气体向下流动，产生搅动，使窑内温度均匀，气流的喷出角度可以90°向下，或以120°～180°逆烟气流向喷出。作为搅动气幕的热气体要尽量与该断面处的温度接近。热气体的来源可以是烟道内的热烟气。但因搅动气幕的温度低，速度小，也常在底部设置高速调温烧嘴代替搅动气幕。

③ 循环气幕

循环气幕是利用轴流风机或喷射泵使窑内烟气循环流动，以达到均匀窑温的目的。轴流风机安装在窑顶，将同一截面上的烟气抽吸并由窑顶吹向下部，但因材料限制，只能安装在低温部分；采用喷射泵时，用压缩空气自喷口高压喷出，在该处造成负压，将同一截面上的烟气抽出后又送入，形成烟气循环，减少上下温差。

④ 气氛幕

在烧还原气氛时，为使坯体在900℃前充分氧化，还原带前要有氧化带，因此在气氛改变的地方，950～1050℃处设置气氛幕——氧化气幕。即在该处由窑顶及两侧窑墙喷入热空气，使与烧成带来的还原性烟气相遇燃烧后成氧化性烟气。气幕气体量要足够，使氧化燃烧室的空气过量系数在1.5～2.0之间，如空气过剩系数过小，易造成制品氧化反应不完全，引起坯泡缺陷；空气也不能喷入过多，以免该处温度过低。

⑤ 急冷阻挡气幕

为了缩短烧成时间，提高产品质量，制品在冷却带700℃前急冷，需要在冷却带开始端设置急冷气幕。急冷气幕可用冷空气，也可用温度较低的热空气自两侧窑墙和窑顶喷入。急冷气幕不但起急冷作用，还可做阻挡气幕，防止烧成带烟气倒流至冷却带污染制品。

### （6）冷却系统

经过烧成带烧结的制品进入冷却带，将热量传递给入窑的冷空气及窑体，制品本身被冷却后出窑。一般采用强制冷却的方式，直接鼓风入窑冷却产品，某些不宜直接风冷的产品可间接冷却，或直接和间接冷却相结合。

直接冷却的方法是从最高温到700℃段鼓风入窑使产品强制冷却。鼓入的空气为燃烧所需空气量的3～7倍，必须在烧成带之前抽出这些热空气，并使鼓入和抽出达到平衡。冷却带抽热风口的位置依冷却曲线而定，一般在400～700℃范围内每车一对，设在车台面处，也可设上下两排抽热风口。抽出的热风主要送去干燥室作干燥用，也可供给气幕使用。有时还可将抽出的热风送去烧成带作一次或二次风燃烧用。

急冷气幕以集中在一二处自窑顶及侧墙喷入为好。这种冷却方法，在装有匣钵或棚板装车而顶部和两侧有挡板时效果很好。在明焰裸装时，则要将冷风喷向垫砖或窑车的气体通道，避免冷风直接冲击产品。

窑尾冷风鼓入主要以窑顶鼓入为主，两侧为辅。冷风喷入要和隧道中心线成比较大的角度，在冷风送入的前端要有一个空间，以避免冷风受到窑拱或制品阻挡而外溢。

### （7）钢架结构

为了克服拱顶的横推力，隧道窑要使用钢架结构。需要对横推力、拱脚梁、上下拉杆和立柱做出计算，对钢架结构的材料规格和数量作出正确的选择。

### （8）窑炉基础

窑炉基础是指用三合石、毛石、砖块或混凝土和钢筋混凝土等做成的用于支持窑体所受重力的基础，窑炉基础放在地基土壤上。窑炉基础如果处理不当，会使窑炉下沉，倾斜，开裂以至破坏。窑炉基础承受的压力有窑体砌筑材料、窑车和所装制品、窑具以及轨道、轨枕等的重力。

## 11.4 窑炉操作与调试

建筑卫生陶瓷制品的烧成过程，要求在特定的烧成制度下进行。通过分析与试验，在窑炉实际生产中摸索出一套合理的热工制度并维持这一热工制度的稳定，是窑炉正常生产的前提。然而在生产实际条件下，影响热工制度稳定的因素很多。窑炉操作人员的任务是，当扰动因素出现或已影响热工制度发生变化时，能够及时地进行操作，使热工制度迅速恢复正常并稳定。

### 11.4.1 辊道窑操作与调试

（1）温度制度的控制

① 温度的监测

辊道窑温度的监测，主要依靠沿窑长装在窑顶或窑侧的热电偶所反映的温度数据。必须注意的是：由于传热的影响，热电偶测得的温度，既不是制品温度，也不是窑内气体温度。

在预热带，热电偶测得的温度小于烟气温度而大于制品温度，且温度越低差别越大；在烧成带，与预热带类似，但三者温度差别比较小，且热电偶测得的温度较接近制品温度；在冷却带则相反，热电偶测得的温度大于气体温度而小于制品温度。

a. 预热带温度的监测　要控制好预热带温度，有效办法是控制好 3 个关键温度点，即窑头温度点、预热带中部温度点（约 500℃处）及预热带末端温度点（约 950℃处）。窑头温度过高，易使坯体炸裂；预热带末端温度点的位置，反映坯体预热的效果，并间接反映坯体在烧成带停留的时间；预热带中部温度点是预热带温度最关键的温度点。若太前，说明窑头升温过急，易在坯体水分蒸发期造成开裂缺陷；若太后，说明窑头温度偏低，使得预热带后段不得不快速升温，一方面可能在晶型转化处产生坯体炸裂，另一方面使氧化阶段时间减少，容易引起气泡、针孔等氧化不足的缺陷。

b. 烧成带温度的监测　烧成带温度的监测，主要是确定烧成带的最高温度和高温区间长度，即制品在高温下停留的时间。烧成带的最高温度是成瓷点，它影响到产品的生烧和过烧；高温区间长度，影响到保温时间的长短，从而也影响产品质量。

c. 冷却带温度的监测　冷却带应监测急冷后的温度（约 800℃处）、冷却带中部温度（约 500℃处）及出窑前温度。急冷后温度点是判断急冷好坏的依据；冷却带中部温度点附近制品发生石英晶型转换，这是制品产生风裂的危险区，其前后温度变化应平缓。出窑前温度可判断快冷区的效果，如出窑温度过高，即使制品在窑内未开裂，出窑后仍可能发生惊裂。

② 温度的调控手段

a. 预热带温度的调控　辊道窑预热带温度制度一般可通过调节排烟总闸、排烟支闸和预热带烧嘴等的开度来调整。但调节排烟总闸对窑内压力制度影响较大，只有当整个预热带温度偏低（或偏高）时才适当将排烟总闸开度打大（或关小）；利用烟囱排烟的辊道窑，有时天气、季节发生变化时也需要适当调整排烟总闸开度，例如夏季或气压低时也应将排烟总闸开度略微增加。调节排烟支闸，主要是调整各段烟气流量的分配，使之满足各点的温度要求。例如当窑头温度过高时，可将窑头前端排烟支闸关小些、而将末端排烟支闸开大些。但辊道窑排烟系统一般属集中排烟，调节排烟支闸只能对调整预热带前段温度起作用。调整预热带后段温度，还要采取其他辅助调节手段。对明焰辊道窑，可以调节安装在预热带的烧嘴及调温风管，调节窑顶的闸板；对隔焰辊道窑，可以调节靠近预热带的烧嘴或燃烧室的燃烧情况，还可以调节窑顶各排湿孔的开度（这里起排热作用）。

b. 烧成带温度的调控　烧成带温度制度主要是控制燃料与助燃空气的供应量及燃料与空气的混合程度，对气烧或油烧辊道窑要控制燃料供应总管的压力、雾化风的压力、助燃风压以及各烧嘴的阀门开度。此外，控制两侧烧嘴喷出的火焰长度一致，且恰好在窑的中央部位交接，以避免产生水平温差。

c. 冷却带温度的调控　冷却带温度制度主要是控制急冷风、窑尾风的风压与进风量以及抽热风量。急冷区要注意后段急冷风管的阀门开度比前段略小，以避免产品发生风裂。缓冷区要注意调节好各抽热风口的阀门开度使晶型转化段降温平缓。

（2）气氛制度的控制

建陶工业辊道窑一般为全氧化气氛烧成，气氛制度相对而言较好控制。对明焰辊道窑，主要是调节好空气与燃料比，供给过剩空气，保证燃烧完全，使窑道中不出现冒烟；有些气烧辊道窑，当煤气热值波动时可能会出现瞬间还原气氛，要及时加以调节。

（3）压力制度的控制

辊道窑属中空窑，气体在窑内流动阻力损失较小，窑内压降也小，压力制度较易控制。但控制好压力制度仍是实现合理的温度制度与气氛制度的保证。压力制度的控制如同隧道窑一样，主要是通过调整排烟总闸开度来稳定预热带和烧成带之间零压面的稳定，使预热带处于微负压下操作，以利于水汽和坯体氧化分解产生的反应气体的排出；而烧成带控制在接近零压的微正压下操作。另外，保持烧成带与冷却带两段进出风量基本平衡，也是维持窑内压力制度稳定的重要手段。由于辊道窑大多为氧化气氛烧成，可让少量急冷段热风进入烧成带，既可用热风作二次空气以保证燃料完全燃烧与窑内充分的氧化气氛，并可提高热利用率，还可杜绝烟气倒流污染制品。控制手段主要是排烟闸的开度、喷嘴开度大小、急冷风管闸板的开度、抽热风闸板开度及分配情况等。

### 11.4.2 隧道窑操作与调试

（1）各带温度的控制

根据制品的原料性质、制品的形状和大小以及入窑水分等工艺要求制定一条合理的烧成温度曲线，烧窑是按照这条曲线来保证一定的升温、保温和冷却制度。

① 预热带的温度控制

预热带的温度控制是保证制品自入窑起到第一对燃烧室止，能按升温曲线均匀地加热。一般借助几只关键性热电偶控制窑头，预热带中部以及末端温度稳定。窑头温度过高易使入窑水分高的坯体炸裂，但快速烧成窑因入窑坯体水分低于0.5%，则窑头温度可高达300～400℃而不出废品。500℃左右是石英晶形转化温度，有体积变化，应维持温度稳定。预热带不仅要控制窑顶温度，还要控制近车台面的温度，使上下温差减少。预热带温度控制的手段主要是通过排烟总闸，排烟支闸以及各种气幕来实现。总闸开度大则预热带负压大，易漏入冷空气，加剧气体分层，增大上下温差。总闸开度小则抽力不足，排烟量减少，不易升温。排烟支闸的作用是分配各段烟气，以满足各点的温度要求。窑头支闸开度不能过大，以免该处负压过大，从窑门吸入过多冷空气。如果汇总烟道在窑侧，则近总烟道的排烟支闸也不宜开得过大，以免把热烟气集中在该处，使该处温度过高，引起坯体炸裂。

要减少预热带上下温差，可以采用封闭气幕和扰动气幕。从窑炉结构方面要减少预热带上下温差，窑车接头处要严密不漏气，砂封板接头要靠紧，砂封板要埋入砂下 3～4cm，减少漏气。另外合理的码坯，也能减少温差，料垛必须上密下稀，料垛与窑顶和窑墙之间距离不能太大。

② 烧成带的温度控制

烧成带的温度控制是控制实际燃烧温度和最高温度点。实际火焰温度应高于制品烧成温度 50～100℃。火焰温度的控制是调节单位时间内的燃料消耗量和空气配比。最高温度点的控制很重要。一般控制在最末一两对烧嘴之间。最高温度点前移使保温时间过长，易使制品过烧变形；后移则保温不足，形成欠烧。烧还原气氛的窑，其烧成带还要控制气氛转化温度，转化温度一般在 1050℃左右。

烧成带温度的测量可用热电偶或光学高温计、辐射高温计等仪表。考虑到热效应，可采用测温锥。

③ 冷却带的温度控制

产品在 700℃以前可靠急冷阻挡气幕喷入的冷空气将产品急冷。大件未装匣钵的产品，为了避免冷风喷入不均引起产品炸裂，可抽 200℃以下的热空气作急冷之用。窑尾则直接鼓入冷风。自 700～400℃一段为缓冷阶段，靠分布在该段的热风抽出口将产品冷却。要注意高温急冷风的位置和风量应根据产品性质、装车情况和推车速度来决定。

### (2) 烧成带的气氛控制

烧氧化气氛的窑，气氛容易控制，控制空气过剩系数大于 1，而不要太大，以节约燃料，提高温度。烧还原气氛的窑在烧成带前一小段要控制氧化气氛，后一大段控制还原气氛，用氧化气氛幕来分隔这两段，气氛幕应抽冷却带的热空气，避免过多地降低窑内温度。

### (3) 各带的压力控制

压力制度是为了保证温度制度和气氛制度的实现。最关键的是控制烧成带两端的压力稳定。如果窑内负压大，漏入的冷空气必多，一方面温度低、气体分层严重、上下温差大，另一方面烧成带难以维持还原气氛。如果窑内正压过大，则大量气体向外界冒出，损失热量并恶化劳动条件。最理想的操作是维持零压，但现实中不可能办到，只能在关键性的烧成带维持零压附近。烧成带也不是全带处于零压，而只有一个零压面。控制零压面的位置十分重要，零压面一般控制在预热带和烧成带的交界面附近，使烧成带全带处于微正压，容易烧还原气氛。冷却带急冷和快冷鼓入的风量必须和抽出的热风相平衡，才不致有冷风流入烧成带。如果急冷处正压过大，大量温度不高的空气进入烧成带，可能引起保温不足，产品生烧，或还原气氛不足，二次发黄。如果急冷处正压不足而呈现负压，则烧成带有烟气倒流至冷却带，使产品烟熏而成废品。

## 11.5 建筑陶瓷烧成实训

### 11.5.1 点火操作实训

① 开启窑炉电柜供电开关；

② 开启窑炉传动并确认正常；

③ 开启排烟风机，调好风机频率；

④ 开启助燃风机，调好风机频率；

⑤ 检查窑炉燃气控制总成的各手动阀，并处于关闭状态；

⑥ 检查各控制组手动阀门，并处于关闭状态；

⑦ 开启燃气供气总阀，控制好开度在10%～20%左右；对于液化石油气，还要打开液化气气化装置；

⑧ 开启燃气控制总成电磁阀；

⑨ 开启总成主供气管道上的所有手动阀门；

⑩ 选择需要点火的烧嘴位置，开启该控制组手动阀；

⑪ 将待点枪枪前助燃气阀门调小至30%左右；

⑫ 手动开启点燃器开关，通过烧嘴上的观火孔观察是否着火，如果没有着火，就立即关闭点火器，待1min左右后再重新开启点火器点火，直至着火为止；

⑬ 烧嘴点着之后，让其燃烧15s左右，待炉内烧嘴烧热之后，再加大助燃风，并从对面窑墙上相对应的观火孔观察烧嘴的燃烧情况，如出现大火就调小枪前燃气手动阀，如出现小火就开大枪前燃气手动阀。

### 11.5.2 烧成曲线制定实训

辊道窑所烧建筑陶瓷产品种类较多，产品的形状规格较多样，坯体成型的致密度存在较大差别，入窑坯体含水率也不一样，再加上窑内中空，各种温度阶段难以强制隔开，有的产品还得用还原焰进行烧成等，所有这些给烧成制度的制订增加了难度。但总的来说，烧成制度可以分为排烟预热阶段，氧化分解阶段，高温过渡阶段（或强还原阶段），高温烧成阶段（或弱还原阶段），当产品烧好后，就进入产品冷却阶段，冷却过程为：急冷→缓冷→过渡快冷→尾冷→出窑。烧成制度的制定主要参考以下内容：

① 坯体的化学组成和矿物结构——与最高烧成温度和氧化分解速度有关；

② 坯体的成型方法——与氧化速度有关；

③ 坯体尺寸的大小和坯体的最大厚度——与加热和冷却时间有关；

④ 装窑密度——与窑道气流速度和热交换速度有关；

⑤ 坯体入窑含水率——与窑头温度和预热时间有关；

⑥ 烧成气氛——与产品特性有关；

⑦ 窑道内空尺寸，高度、宽度和窑顶结构（平顶或拱顶）——与窑道内的温差有关；

⑧ 燃烧器的结构和使用要求——与能耗有关；

⑨ 碳化硅套（或烧咀砖）的规格——与窑道断面温差有关。

# 11.6 故障应急处理

### 11.6.1 停电故障操作

① 立刻启动备用发电机；

② 发电机没有启动时，组织人员手动摇动中温区后面所有传动电机的传动轴，方向一致往后，转速尽可能一致，防止在手摇过程中出现叠砖、断棒情况；

③ 从高温区往前快速关闭控制组手动阀；

④ 关闭气站手动燃气供气阀门；

⑤ 人工转动排烟风机电机轴，防止风机叶轮变形，同时排出窑内没完全燃烧的废气。

### 11.6.2 停燃气故障操作

① 关闭所有电磁阀和关闭燃气站进口和出口的手动阀；

② 关闭所有控制组燃气管上的手动阀和枪前手动阀；

③ 将中温区往后的坯体送出窑外，窑炉停止进砖，并将中温前窑炉传动打在摆动的位置。对于窑速较快的情况，要降低窑速；

④ 关闭助燃风机、排烟风机，待产品过缓冷后，关闭急冷和余热风机，产品全部出窑后，关闭尾冷风机和尾抽风机；

⑤ 温控仪表、气站开关表等打在手动位置，开度在15%左右；

⑥ 检查摆动区域的传动情况；

⑦ 高温区辊上使用的烧嘴芯取出，烧嘴套用棉塞好，塞棉要塞过助燃风口；

⑧ 如果是烧不清洁的燃气（如水煤气），要将枪芯全部取出，枪套用棉塞好，对枪头要进行清理；

⑨ 对已损坏或不合适的碳化硅套要进行更换。

### 11.6.3 辊棒断裂故障操作

① 窑炉发生断棒时，要及时将断棒从窑内取出，清理传动边夹套内的棒头；

② 必要时，更换夹套或卡簧；

③ 更换高温区域的辊棒时，所更换的辊棒要从1000℃左右的氧化区或过渡区域抽出辊棒进行更换，其它区域可以直接用窑边存放的辊棒更换。

④ 在换棒过程中，穿棒时要抬起后部快速穿棒，并要不时转动辊棒。

# 11.7 辊道窑烧成工艺虚拟仿真实训

辊道窑烧成工艺虚拟仿真实验操作手册

本虚拟仿真软件真实还原辊道窑结构组成，烧成制度设计，烧成工艺控制，出窑观察分析产品的烧成质量等全过程，学生如同真实地动手操作与实践，通过虚拟环境沉浸式学习带来直观、形象的体验，全面提升学生的学习兴趣及效率。

## 11.8 考核评价

建筑卫生陶瓷的烧成工序总分10分，分以下五项评分。熟悉常用的烧成设备结构及其工作原理1分；熟悉隧道窑、辊道窑的常用调试方法和安全操作规程，能够设置辊道窑的烧成制度，进行点火、调控温度等基本操作实践4分；掌握操作注意事项，能够处理基本应急事故2分；辊道窑烧成工艺虚拟仿真实验2分；组织纪律（安全、卫生、考勤等）1分，根据学生具体表现评分。

组长评价10分，根据组长能否组织、协调好全组成员做好安全、卫生、纪律等工作，全组成员整体表现情况进行评分。

# 第 12 章

# 后加工技术

陶瓷在烧成的过程中会产生类似于大小头或尺寸偏差等缺陷，为了使陶瓷砖的外形尺寸、表面规整程度保持均一、光洁度和装饰效果的需要，常进行各种对应的冷加工处理。不同的冷加工方式的目的和效果不同，常见的冷加工处理包括磨边、抛光、抛釉、打蜡等工序，有的连线生产方式还包括后期的检测及包装等过程。

## 12.1 实训目的

① 熟悉建筑卫生陶瓷生产后期冷加工过程，主要加工方法和对应目的效果。

② 熟悉建筑陶瓷砖磨边整形等设备及其操作技术。

③ 掌握建筑陶瓷抛光、抛釉技术设备及其操作技术。

④ 熟悉冷加工后期防污打蜡、测量、切割、拼花等相关工序及对应设备。

## 12.2 磨边刮平设备及操作技术

瓷砖的烧成过程中会有不同程度的变形，瓷砖表面也会由于落脏等问题出现表面缺陷，刮平定厚是进行形状规整的第一步，通过刮平定厚机的金刚石滚轮将瓷砖表面刮去一层，使得瓷砖厚度达到统一，同时也可减少后续抛光量，提高抛光质量。

### （1）刮平定厚机的操作步骤

① 开机启动，检查皮带张紧度是否有走偏现象，正常后关机。

② 按加工砖的规格调整导向轨道宽窄保证砖坯运行中心线与输送带中心线保持一致。

③ 调整滚刀架升降电机旋钮，调高滚刀架位置到高出皮带面一块砖的厚度为标准。

④ 打开冷却水开关，启动输送带电机及滚刀电机。

⑤ 调机过程：开始在皮带上放一片瓷砖，当砖送到滚刀下时停止皮带走动，扭动升降电机调整滚刀架下降听到滚刀刮砖声音为止。启动传动电机使砖走出滚刀后，观察刮砖的效果；重复多次直到砖面符合要求为止，切削厚度以不超过 0.5mm 为宜。同样方法调整系列滚刀到合适位置后，可开始连续进砖。

磨边倒角是为了使陶瓷砖尺寸规整一致，而对瓷砖边部进行磨削加工，特别当砖坯出现收缩不一致、大小头和波浪边等缺陷，通过磨边倒角可以消除这些缺陷，磨边倒角是确定墙地砖尺寸关键步骤。

（2）磨边倒角机的操作步骤

① 开机前准备打开气源开关，调整气压在0.4～0.8MPa之间；

② 检查输送挡砖角铁的开度，观察磨机横梁间距是否满足磨砖规格的要求，并作适当调整，检查砂轮与皮带间距是否合理，调整气缸压力到规定值附近，打开水阀；

③ 依次启动磨边电机及风机电机，按照传动由后往前的顺序启动传动电机并开始进砖，检查出砖质量，必要时对整机进行调整；

④ 应全部砖坯走空后方可关机，关闭各磨边倒角电机及风机电机按下“急停”按钮，关闭总气阀及水源球阀。

## 12.3 抛光抛釉设备及操作技术

抛光是在玻化砖上刮平定厚后对陶瓷表面进行的精细抛光处理。玻化砖常采用渗花、二次布料等装饰技术，抛光后使得玻化砖内部的纹理更加清晰，达到良好的装饰效果，抛光砖设备主要包括粗抛和精抛两个部分。

随着喷墨打印技术的逐渐成熟，抛釉砖逐渐在市场上占据主流，特别是应用于仿大理石纹产品上达到了非常逼真的效果，抛釉设备逐渐成为主流，抛釉砖设备则无需粗抛而主要为更改树脂金刚石抛光磨头，对表面釉起到“擦亮”作用。

抛光设备的操作步骤如下：

① 开机前准备打开气源开关，调整气压在0.5～0.8MPa之间；

② 调整磨头到最高位置，打开前门盖，检查磨头模块模头座是否完好。检查导轨是否正常，检查各组磨头气压，打开水源闸阀。检查各组磨头是否有冷却水流出；

③ 开启主电源旋转磨头升降开关，将磨头上升，启动横梁移动按钮，使横梁摆动。检查摆动宽度是否合适所磨产品要求。如不合适应停止摆动，调节曲柄长度后再重新启动，直至合适；

④ 启动输送皮带，往输送带上放砖，当整条带上布满砖后，方可进行下一步工作。从进砖端起，按顺序按下各组磨头的启动按钮，使磨头旋转无异常后，转动磨头升降开关，磨头下降。应注意送砖系统的主输送带上不能间断，应连续不断的稳定输送，避免打砖。注意气压变化，正常抛砖时正压为0.2～0.25MPa，负压为0.1～0.15MPa；

⑤ 停机顺序：将磨头升降开关旋到向上位置，按“磨头停止”按钮，按“带停止”按钮。按“摆动停止”按钮，关闭水源闸阀，关闭控制电箱及电柜，关闭气源开关。

## 12.4 其他相关工序

为了增强防污性能，抛光砖出厂前都经过打蜡处理，使防污蜡渗透、填充到其毛细孔内，以防止有色污物的渗入、着色，同时打蜡也可以让抛光砖或抛釉砖色泽光亮，在产品的上面形成保护膜，起到防护作用。打蜡防污主要通过目前多采用固定或摆动的行星磨头配以羊毛抛光轮、尼龙片等抛光磨具抛刷涂镀，使瓷砖表面形成一层高光泽度的防污保护膜。

其他后期相关的工序设备还包括可测量砖坯表面平整度、四边及对角尺寸的平整度检测仪，以及配套打包等相关设备。

线切割及水刀切割也是后期加工的主要应用设备。传统的线切割采用直接切割方式，规整陶瓷砖较大线切割需求时可采用连续锯划切割后分条，根据其分砖方向可分为横向分条机和纵向分条机。传统的纵向分条机为顶端式分条，仅适用于砖坯一分二，分条方向与砖坯输送方向平行。横向分条机采用辊段式分条，分条方向与砖坯输送方向垂直，可实现一次性分成多条，效率高、破损低。

为了满足对小部分破损瓷砖的再利用以及个性化装修对异形尺寸和特定花色装饰需求，现多采用数控水刀切割机（水刀）进行加工。水刀是利用超高压水射流进行冷态切割的切割设备，将混有磨料的水以极细的水柱喷出切割的方式。水刀加工系统主要由高压泵、加工平台、喷射切割头、供砂系统和冷却系统几部分组成，可以使用CAD软件绘图来实现不同图案的切割，目前广泛应用于瓷砖的异形切割和不同颜色的瓷砖切割拼贴形成拼花。

加工拼花的主要操作流程如下。

① 根据拼花设计效果图设计加工程序及选择各拼花组件瓷砖的颜色、对应质地；

② 检查水、电、气砂正常后，按编制好的水刀程序试机走位，调试加工参数；

③ 根据设计图编号于加工平台上放置对应的瓷砖；

④ 按输入程序，加工对应的拼花瓷砖；

⑤ 加工出来拼花组件按拼装要求进行拼组，验证花色无误；

⑥ 将加工好的拼花组件以瓷砖黏接胶黏接成片，再次编号以防震泡沫隔离后打木箱包装。

## 12.5 考核评价

后加工工序总分 10 分，分以下五项评分。熟悉建筑卫生陶瓷生产后期的冷加工过程，主要加工方法和对应的目的效果 2 分；熟悉建筑陶瓷砖磨边整型等设备及其操作 2 分；掌握建筑陶瓷抛光、抛釉技术设备及其操作技术 3 分；熟悉冷加工后期防污打蜡、测量、切割、拼花等相关工序及对应设备 2 分；组织纪律（安全、卫生、考勤等）1 分，根据学生具体表现评分。

组长评价 10 分，根据组长能否组织、协调好全组成员做好安全、卫生、纪律等工作，全组成员整体表现情况进行评分。

# 第13章 建筑陶瓷生产线虚拟仿真实训

建筑陶瓷生产线虚拟仿真实训系统由三大核心模块构成：建筑陶瓷生产线认知实训、典型装备虚拟拆装实训以及主要装备参数化设计实训。该系统基于现代化建筑陶瓷生产工艺，通过高精度三维建模与虚拟仿真技术，完整再现了建筑陶瓷生产的全流程。

在生产线认知实训环节，系统数字化还原了实际生产线场景，涵盖从原料配料、球磨机研磨、振动筛分级、除铁净化、喷雾干燥制粉、压制成型、烘干窑干燥、表面清扫、喷釉装饰、切边抛光到成品包装等完整工序流程。通过沉浸式虚拟场景，学生可全方位观察各工段设备运行状态及工艺参数，深入了解建筑陶瓷生产的工艺原理与技术要点。

在典型装备虚拟拆装实训环节，系统精选了建筑陶瓷生产中的11类关键设备进行深度仿真，包括：喷雾干燥塔、滚压成型机、真空练泥机、液压压砖机、厢式压滤机、颚式破碎机、球磨机、悬辊式磨机、高压注浆机、振动筛以及水力旋流器。该模块提供自动和手动两种操作模式：自动模式下，系统通过动画演示完整展示设备拆装流程；手动模式下，学生可自主完成设备的逐级分解与组装，实时观察各部件的结构特征、装配关系及工作原理。这种交互式实训方式不仅能帮助学生深入理解设备内部构造，更能培养其机械装配思维和故障诊断能力。

在主要装备参数化设计实训环节，系统重点针对建筑陶瓷生产线的四大核心设备开展参数化设计训练，包括滚压成型机、真空练泥机、液压压砖机和球磨机。学生可通过该模块的三维建模与参数驱动技术，自主优化设备典型零部件的结构参数。学生可根据工艺要求调整关键尺寸参数，实时观察设计变更对设备性能的影响，系统会自动进行干涉检查和性能评估。这种参数化设计实训不仅能够帮助学生掌握陶瓷机械的设计原理，更能培养其工程优化思维和数字化设计能力，为未来从事陶瓷装备研发奠定坚实基础。

## 13.1 实训目的

本虚拟仿真实训系统旨在通过多层次、多维度的训练，达成以下实训目的。

① 工艺认知层面　系统掌握建筑陶瓷全流程生产工艺、深入理解各工序关键技术参数及质量控制要点、熟悉现代化生产线的自动化控制系统架构。

② 设备操作层面　掌握核心设备的结构原理与操作规范、培养设备拆装维护的实践能力、建立设备故障诊断与排除的思维模式。

③ 工程设计层面　掌握陶瓷机械参数化设计方法、培养工艺装备优化设计能力、建立数字化设计与仿真验证的工程思维。

④ 职业素养层面　强化安全生产意识与规范操作习惯、树立绿色制造与清洁生产理念、培养团队协作与工程管理能力。

该虚拟仿真实训平台突破传统实训的时空限制，通过高度仿真的三维交互环境，为学生提供安全、高效、可重复的实践训练机会。系统不仅避免了真实实训中的安全隐患和设备损耗，还能实现传统教学难以企及的设备内部结构展示和工艺参数可视化，显著提升了教学效果。同时，平台支持个性化学习路径，学生可根据自身掌握程度反复训练重点难点，为培养适应智能制造需求的高素质技术技能人才构建了创新型的实践教学环境。

## 13.2 虚拟仿真实训操作过程

### 13.2.1 建筑陶瓷生产线认知实训操作过程

实验加载完毕即进入实验界面，如图 13-1 所示。

图 13-1　实验初始界面

在实验初始界面上点击“确定”后，即进入实验操作界面，如图 13-2 所示。该界面上共有 5 个操作模块：实验介绍、设备介绍、开机停机、生产线漫游和实验考核。点击“实验介绍”模块可以了解本实训环节的相关介绍，如图 13-3 所示。

图 13-2　实验操作界面

图 13-3　实验介绍

点击“设备介绍”模块可系统了解建筑陶瓷成型工艺流程及配套设备的工作原理，如图13-4 所示。“开机停机”模块可模拟生产线上所有设备的开机停机操作，并可观察设备从开机到稳定运行状态的过程，图 13-5 展示了振动筛的开机停机虚拟操作界面。

图 13-4　设备介绍

图 13-5　振动筛开机停机界面

如图 13-6 所示，点击“生产线漫游”模块，可对建筑陶瓷生产线进行漫游观察，即依次展示从原料运输、配料，球磨机研磨，振动筛筛分，除铁机除铁，喷雾干燥，陈腐储存，压制成型，烘干窑干燥、表面清扫、喷釉装饰、切边抛光到成品包装的整个建筑陶瓷完整工序的生产场景，可全方位观察各工段设备运行情况，如图 13-7～图 13-20 所示。

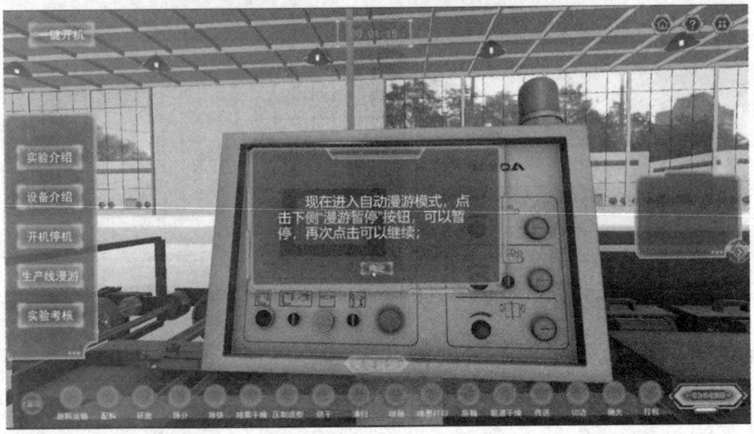


图 13-6 自动漫游开始界面

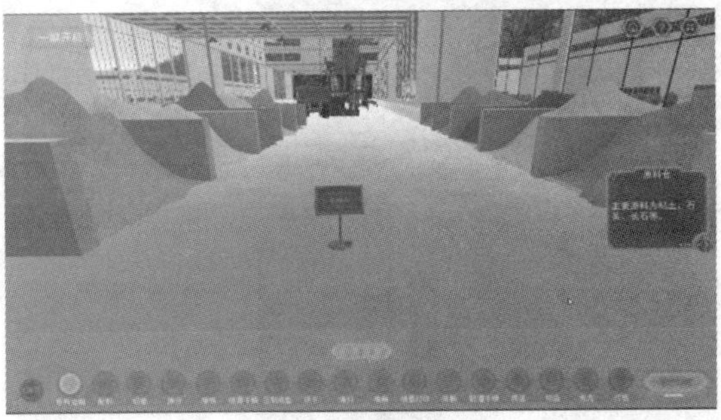

图 13-7 原料运输

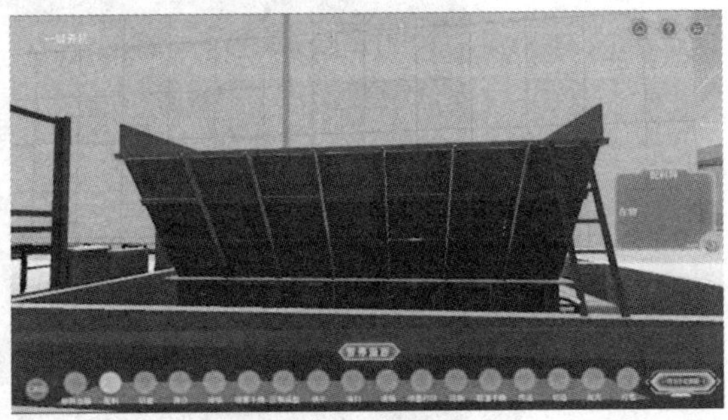

图 13-8 原料配料

图 13-9 球磨机研磨

图 13-10 筛分除铁

自动漫游完成后，可切换到手动漫游模式，手动漫游支持通过整体观察、透视观察、剖面观察等方式深入分析设备结构与运行原理，如图 13-21 所示。

图 13-11　喷雾干燥

图 13-12　储存陈腐

图 13-13　压制成型

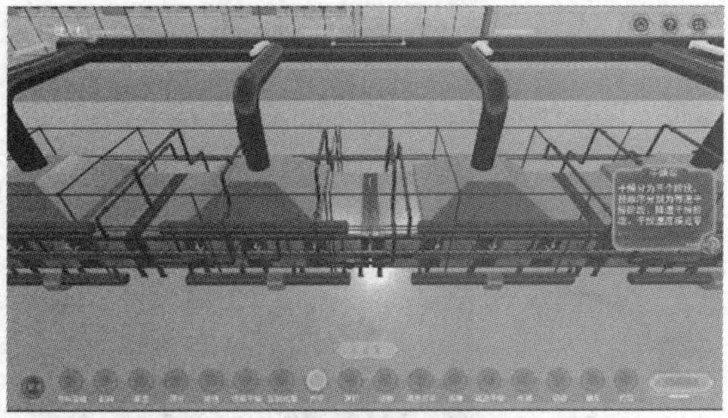

图 13-14　干燥

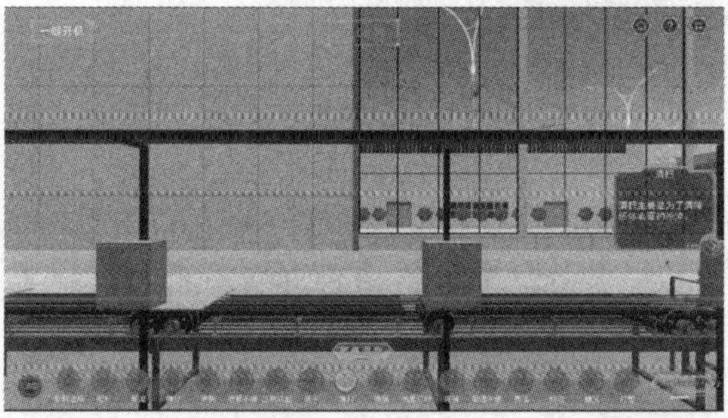

图 13-15　清扫

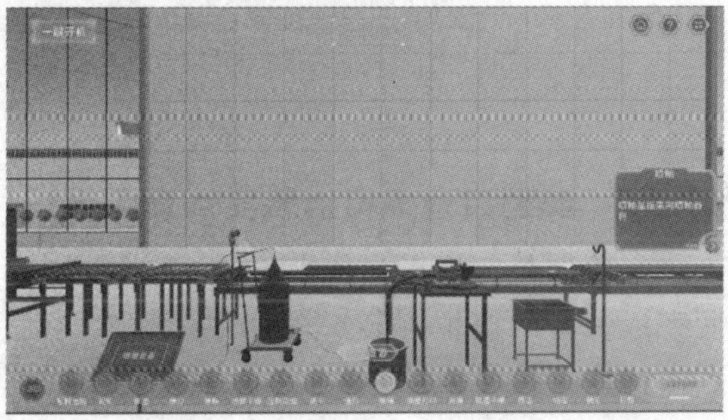

图 13-16　喷釉

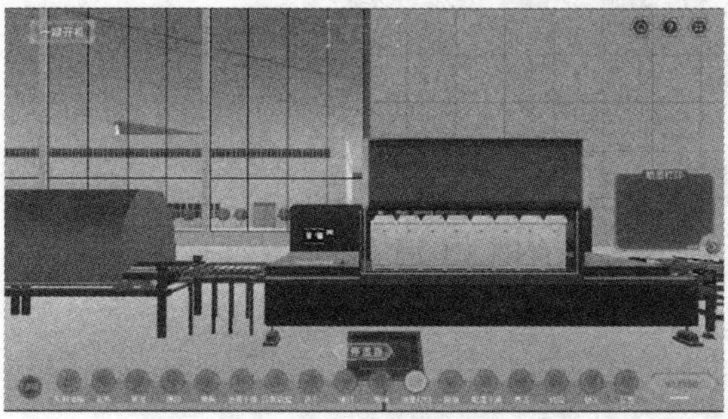

图 13-17　喷墨打印

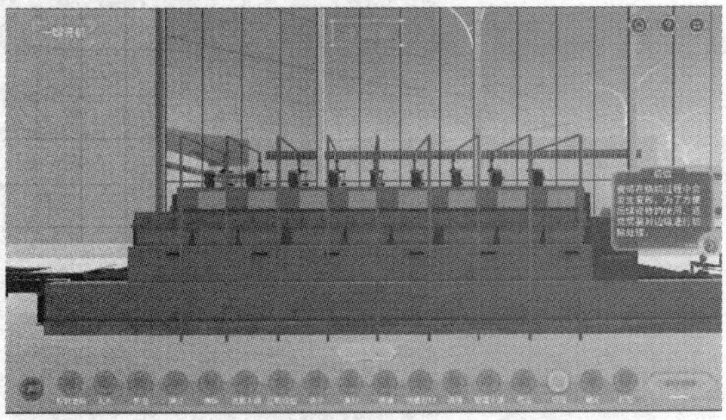

图 13-18　切边

图 13-19　抛光

图 13-20　打包

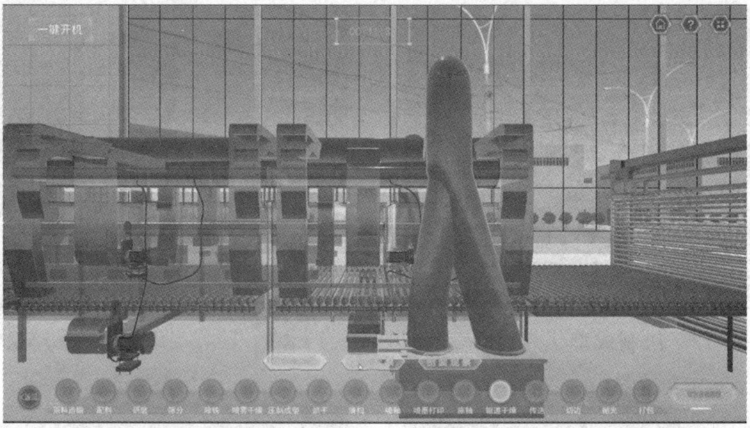


图 13-21　手动漫游界面

### 13.2.2　典型装备虚拟拆装实训操作过程

实验加载完毕即进入实验界面，如图 13-22 所示。本实验中学生通过 VR 头盔和操作手柄完成装备的虚拟拆装，观察视角随着学生头部转动而移动，操作手柄可实现位置的移动和点击操作。接下来，可从 11 个典型设备中任选一个进行拆装认知。

图 13-22　拆装实验初始界面

如图 13-23 所示，点击“滚压成型机”，可选择自动模式和手动模式进行拆装认知。对设备拆分完毕后，可以单独选择任一零件进行认知。了解设备的所有组成零件后，可点击组装按钮观察组装过程，组装完成后还可以让设备进行仿真运动，观察设备的工作状态。图 13-24 展示了真空练泥机的拆装和仿真运动过程。

图 13-23　滚压成型机的拆装实验

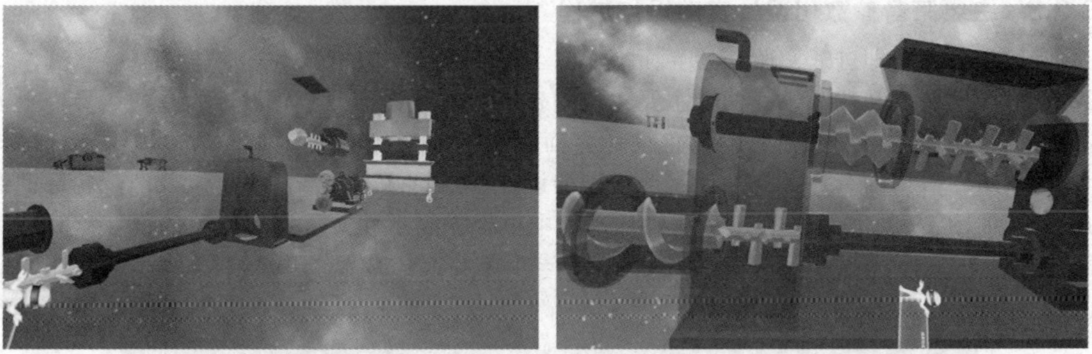

图 13-24　真空练泥机的拆装实验

图 13-25 和图 13-26 分别展示了喷雾干燥塔和液压压砖机的拆装。

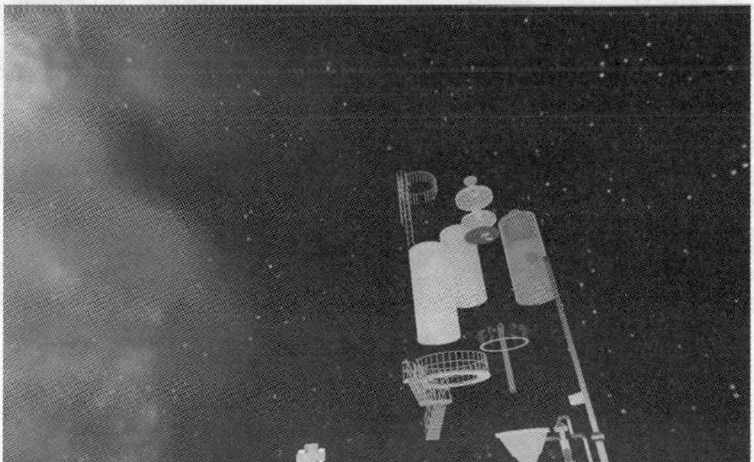

图 13-25　喷雾干燥塔

图 13-26　液压压砖机

### 13.2.3　主要装备参数化设计实训操作过程

实验加载完毕即进入实验初始界面，如图 13-27 所示。该实验需对滚压成型机、真空练泥机、液压压砖机和球磨机等四个主要建筑陶瓷生产装备进行参数化设计。在初始界面上点击任一按钮便进入相应设备的参数化设计界面。滚压成型机的设计偏重凸轮机构部分的设计，包括凸轮机构的选择、从动件运动规律的设计、凸轮基本参数的确定以及凸轮轮廓曲线的设计，如图 13-28 所示。在参数化设计过程中可根据提示性文字完成相关的设计计算和填写，如图 13-29 所示。在完成参数化设计后，可查看滚压成型机的运行动画，如图 13-30 所示。

图 13-27　参数化设计初始界面

真空练泥机和球磨机主要对传动部分以及主要零部件的结构进行参数化设计，分别如图 13-31 和图 13-32 所示。

液压压砖机主要根据压制力对液压系统的主要参数进行设计，如图 13-33 和图 13-34 所示。

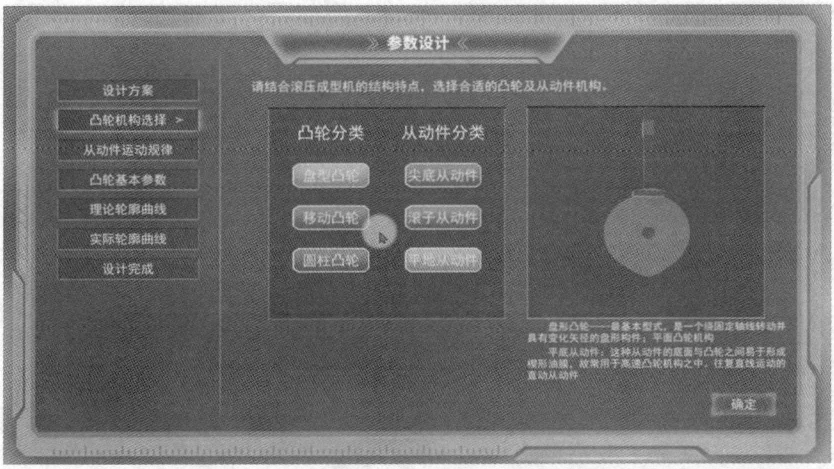


图 13-28　滚压成型机参数化设计界面

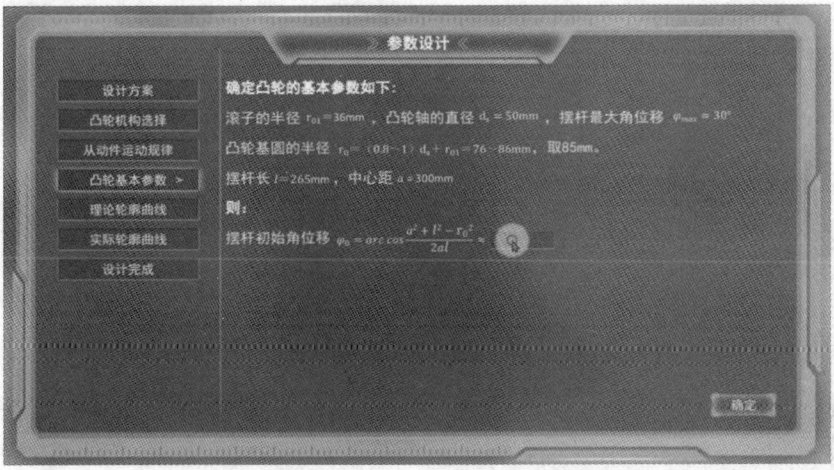


图 13-29　滚压成型机参数化设计过程

图 13-30　滚压成型机运行动画

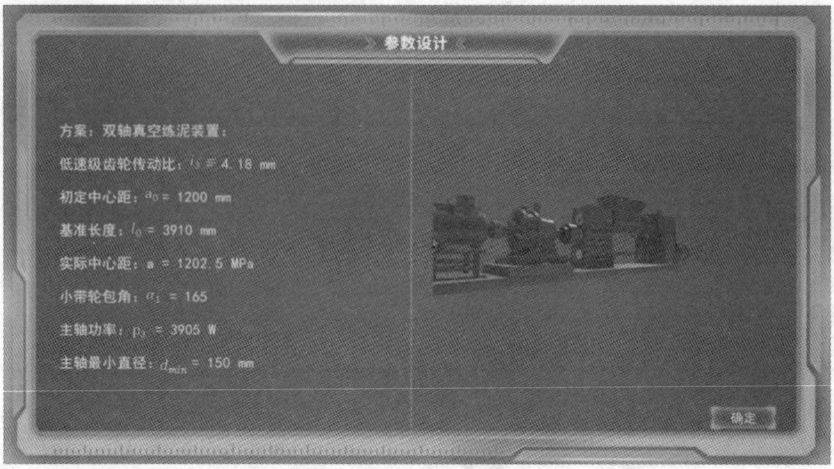


图 13-31　真空练泥机参数化设计

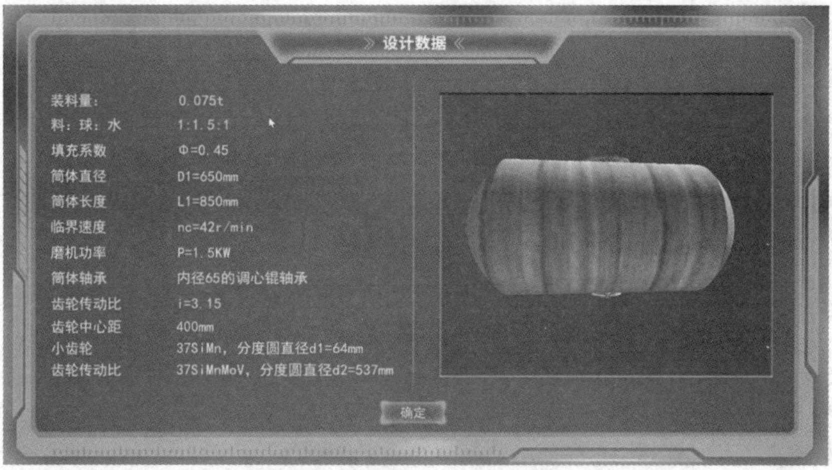


图 13-32　球磨机参数化设计

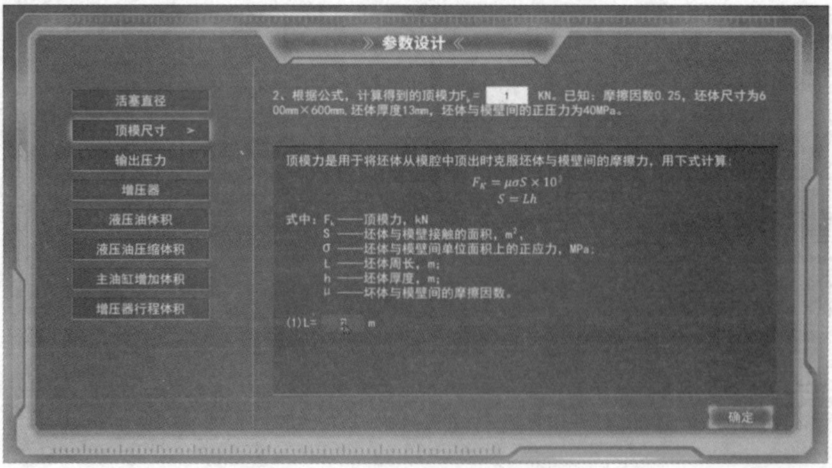


图 13-33　液压压砖机参数化设计

图 13-34　液压压砖机运行动画

# 13.3 考核评价

该建筑陶瓷生产线虚拟仿真实训系统包含三大核心模块，每个模块的考核评价方式如下。

**（1）建筑陶瓷生产线认知实训考核评价**

考核目标：评估学生对建筑陶瓷生产工艺流程的掌握程度、设备运行状态的观察能力及关键工艺参数的理解水平。

考核方式：

① 理论考核：通过选择题、判断题和简答题测试学生对生产线各工序（如原料配料、球磨机研磨、喷雾干燥等）的工艺原理、设备功能及质量控制要点的掌握情况。

② 虚拟操作考核：

自动漫游考核：系统记录学生在自动漫游过程中对各工段设备运行状态的观察情况，评估其是否准确识别关键工艺节点（如振动筛筛分、喷釉装饰等）。

手动漫游考核：要求学生通过整体观察、透视观察或剖面观察等方式，完成特定设备的结构分析任务，并提交观察报告。

③ 综合评分：结合理论答题正确率、虚拟操作完成度及报告质量，按权重（如理论40％、操作60％）计算总分。

**（2）典型装备虚拟拆装实训考核评价**

考核目标：检验学生对关键设备（如滚压成型机、真空练泥机等）的结构认知、拆装操作规范性及故障诊断能力。

考核方式：

① 自动模式考核：系统通过动画演示拆装流程后，要求学生复述关键步骤（如拆卸顺序、部件装配关系），并回答相关原理问题。

② 手动模式考核：

拆装操作评分：记录学生拆装设备的完整性和耗时，评估其是否遵循规范流程（如正确使用工具、避免部件损坏）。

故障模拟任务：系统随机设置设备故障（如零件错装、缺失），要求学生诊断并修复，考核其问题解决能力。

③ 仿真运动验证：组装完成后，学生需启动设备运行动画，观察是否正常工作，并解释异常现象（如运动干涉）。

④ 评分标准：拆装正确性（50％）、故障诊断能力（30％）、理论回答（20％）。

**（3）主要装备参数化设计实训考核评价**

考核目标：评估学生对陶瓷机械（如液压压砖机、球磨机等）的参数化设计能力、工程优化思维及数字化验证水平。

考核方式：

① 设计任务考核：

参数输入与计算：学生需根据工艺要求完成关键参数（如凸轮轮廓曲线、液压系统压力）的设计计算，系统自动检查数值合理性。

干涉检查与优化：系统生成三维模型后，学生需调整参数以消除设计冲突（如零件碰撞），并提交优化方案。

② 动态仿真验证：通过运行动画验证设计效果（如滚压成型机的运动轨迹是否符合工艺要求），学生需分析性能偏差并提出改进建议。

③ 答辩与报告：学生需口头答辩设计思路，并提交包含参数计算、优化过程和仿真结果的技术报告。

④ 评分标准：设计合理性（40％）、仿真验证结果（30％）、报告与答辩（30％）。

# 参考文献


［1］ 专业认证协会秘书处．工程教育专业认证通用标准解读及使用指南(2024版)．中国工程教育，2024.

［2］ 罗民华，董伟霞，李月明，等．基于OBE无机非金属材料工程专业的实践教学改革[J]．大学教育，2021(10)：43-46.

［3］ 包启富，董伟霞．卓越工程师培养体系的无机非金属材料专业《生产实习》教学改革与实践[J]．现代职业教育，2017(31)：92-93.

［4］ 罗民华，胡杏乐，付江盛，等．噪声对认识实习效果的影响及其解决途径[J]．中国轻工教育，2021(03)：79-85.

［5］ 吴超．学生实习(实训)安全教育读本[M]．北京：中国劳动社会保障出版社，2015.

［6］ 西德尼．德克尔．安全科学基础[M]．孙佳，等译．北京：中国工人出版社，2021.

［7］ 谢振华．安全生产基础知识[M]．北京：中国劳动社会保障出版社，2017.

［8］ 王朝阳，孟夏．陶艺技法[M]．沈阳：辽宁美术出版社，2011.

［9］ 陈琦．陶瓷艺术与工艺[M]．北京：高等教育出版社，2005.

［10］ 魏晓慧．电子信息类专业学生实习指导书[M]．北京：高等教育出版社，2016.

［11］ 包启富，董伟霞，游雯．钙长石陶瓷生坯片的制备[J]．陶瓷，2012(11)：21-22.

［12］ 陈双，吴甲民，史玉升．3D打印材料及其应用概述[J]．物理，2018，47(11)：715-724.

［13］ 张文毓．3D打印陶瓷材料的研究与应用[J]．陶瓷，2020(6)：40-44.

［14］ 张艾丽．LDM法3D打印紫砂泥料的制备及参数控制[J]．中国陶瓷工业，2019，26(3)：25-29.

［15］ 薄玉杰．陶瓷3D打印技术在陶瓷成型中的应用[D]．景德镇：景德镇陶瓷大学，2019.

［16］ 黄惠宁．陶瓷墙地砖数字喷墨印刷技术与设备应用[M]．北京：中国建材工业出版社，2018.

［17］ 马铁成．陶瓷工艺学[M]．2版．北京：中国轻工业出版社，2016.

［18］ 包启富，董文婕，董伟霞，等．工艺条件和烧成制度对仿南宋官窑青釉的影响[J]．陶瓷，2022(06)，9-12+45.

［19］ 包启富，董伟霞，夏雨薇，等．工艺因素对青花料发色的影响[J]．陶瓷，2019(04)：58-61.

［20］ 包启富，董伟霞，周健儿，等．工艺条件对中温裂纹釉的影响[J]．陶瓷，2014(09)：22-24.

［21］ 韦鸿端．陶瓷颜料、金水与贴花纸(中级技术培训教材)[M]．景德镇陶瓷杂志社，1993.

［22］ 张朝晖，宁钢．陶瓷贴花装饰工艺[M]．武汉：武汉理工大学出版社，2010.

［23］ 罗晓涛，陈立．传统陶瓷青花装饰[M]．2版．武汉：武汉理工大学出版社，2009.

［24］ 宁钢，刘乐君．传统陶瓷古彩装饰[M]．武汉：武汉理工大学出版社，2008.

［25］ 邹晓松．传统陶瓷粉彩装饰[M]．武汉：武汉理工大学出版社，2014.

［26］ 李磊颖．传统陶瓷新彩装饰[M]．武汉：武汉理工大学出版社，2016.

［27］ 周健儿．中国景德镇传统陶瓷工艺[M]．南昌：红星电子音像出版社，2014.

［28］ 安凯妮．光子晶体结构色釉的制备与表征[D]．西安：陕西科技大学，2015.

［29］ 李昊．基于分形算法的轻样本图像生成研究[D]．景德镇：景德镇陶瓷大学，2024.

［30］ 肖园琼．陶瓷装饰肌理在建筑环境空间中数字化的应用研究[J]．陶瓷，2024(02)：213-215.

［31］ 薛正阳，唐珂．人工智能时代陶瓷雕塑的成型和装饰研究[J]．景德镇陶瓷，2023，51(03)：45-47.

［32］ 刘愉．风格迁移在陶瓷装饰图案上的应用研究[D]．景德镇：景德镇陶瓷大学，2021.

［33］ 吴建青．高清通体陶瓷砖人工智能装饰整体技术的研究及产业化[R]．东莞市唯美陶瓷工业园有限公司，2020-06-19.

［34］ 张彪等．含 $Nb_2O_5$ 非晶光子结构色釉的制备及其色彩调控机制[J]．硅酸盐学报，2023，51(12)：3189-3195.

[35] 张文兵，阎飞. 陶瓷模型制作[M]. 北京：北京工艺美术出版社，2005.
[36] 杨诗晴. 基于传统陶瓷成型工艺的手工印坯在陶艺创作中的应用实践探究[D]. 呼和浩特：内蒙古师范大学，2023.
[37] 罗民华，曾令可，王慧，等. 梭式窑的码坯方法和烟道设计对温度场及流场影响的探讨[J]. 中国陶瓷工业，2002(03)：27-30.
[38] 罗民华，曾令可，童晓濂. 陶瓷窑炉控制技术的现状与展望[J]. 河南建材，2001(02)：6-7.
[39] 罗民华，曾令可，王慧，等. 宽断面辊道干燥窑动态温度场的测量与分析[J]. 陶瓷学报，2004(02)：108-111.
[40] 孙瑜. 江西景德镇：传承创新展现中华瓷器之美[N]. 科技日报，2024-12-03(002).
[41] 本刊通讯员. 艺术瓷厂彩色玲珑瓷试验成功并投入小批量生产[J]. 景德镇陶瓷，1984(01)：36.
[42] 刘旭，刘昱卓，侯文雅. 玲珑釉配制技艺非物质文化遗产传承人吕雅婷：在传承中创新让更多人看见玲珑瓷之美[N]. 中国妇女报，2024-06-20(001).
[43] 宋芳. 景德镇玲珑瓷的历史发展演变及创新发展研究[D]. 景德镇：景德镇陶瓷学院，2009.
[44] 唐奇，卢斌，潘求贤. 疏浚泥沙在建筑陶瓷中资源化利用技术的研究[J]. 佛山陶瓷，2011，21(01)：27-29.
[45] 唐奇. 铝废渣在建筑陶瓷中资源化利用技术的研究[J]. 陶瓷，2009(04)：42-44.
[46] 唐奇，胡国林，罗民华，等. 模糊控制器在窑炉温度控制系统中的应用及计算机仿真[J]. 中国陶瓷工业，2000(03)：5-8.
[47] 陈威威，罗民华，唐奇，等. 抗菌陶瓷墨水的分散法制备及其性能研究[J]. 中国陶瓷工业，2023，30(05)：47-51.
[48] 唐奇，罗民华，吴飞翔，等. 一种陶瓷喷墨打印花纸及其制备方法、贴花陶瓷制品：202310266560.0[P]. 2025-01-28.
[49] 陆琳，黄立宜，冯青，等. 锂云母焙烧隧道窑不同码窑结构数值模拟分析[J]. 陶瓷学报，2025，46(01)：175-184.
[50] 陆琳，纪航宇，周传芳，等. 岩板辊道窑新型缓冷结构的数值模拟[J]. 陶瓷学报，2023，44(01)：163-175.